创造力觉醒

〔美〕娜塔莉·尼克松（Natalie Nixon） 著

张凌燕 译

The Creativity Leap

中国人民大学出版社
·北京·

图书在版编目（CIP）数据

创造力觉醒/（美）娜塔莉·尼克松
（Natalie Nixon）著；张凌燕译. 一北京：中国人民
大学出版社，2022.3
　　ISBN 978-7-300-30016-0

　　Ⅰ.①创… Ⅱ.①娜… ②张… Ⅲ.①创造能力—研
究 Ⅳ.①G305

中国版本图书馆 CIP 数据核字（2021）第 243826 号

创造力觉醒

［美］娜塔莉·尼克松（Natalie Nixon）　　著

张凌燕　译

Chuangzaoli Juexing

出版发行	中国人民大学出版社	
社　　址	北京中关村大街 31 号	**邮政编码**　100080
电　　话	010 - 62511242（总编室）	010 - 62511770（质管部）
	010 - 82501766（邮购部）	010 - 62514148（门市部）
	010 - 62515195（发行公司）	010 - 62515275（盗版举报）
网　　址	http://www.crup.com.cn	
经　　销	新华书店	
印　　刷	涿州市星河印刷有限公司	
规　　格	148 mm×210 mm　32 开本	**版　　次**　2022 年 3 月第 1 版
印　　张	6.5　插页 2	**印　　次**　2022 年 3 月第 1 次印刷
字　　数	105 000	**定　　价**　69.00 元

致约翰：

谢谢你坚定不移地鼓励我写作，
以及每天带给我奇想和严谨思考的养分。

赞　誉

"对于那些认为自己不得不在创意型人格和分析型人格之间做选择的人们来说，这本书是礼物、慰藉和灵感之源。娜塔莉对于严谨和奇想的独特运用，让她成为帮助我们塑造创新竞争力的智慧且值得信赖的教练。"

——《艺术思维》(*Art Thinking*) 作者　艾米·惠特克

"在《创造力觉醒》这本书中，娜塔莉·尼克松将她个人的故事和她在研究中产生的洞察很好地串联在一起，拓展了对'创意型人格'的定义。这本书为那些期待拥有更广阔的思维、更富有想象力的产出以及变革性结果的个人和组织提供了新的范例。"

——LPK 首席洞察与创新官　瓦莱丽·雅各布斯

"《创造力觉醒》这本书非常巧妙地将来自不同领域的洞察融合在一起，如爵士乐和通用医疗，从而进一步让人们了解了如何实现真正意义上的创新。尼克松女士在设计这一套实践性的激发创造力的方法时，思维非常缜密。哪怕对于最刻板保守的读者来说，这套方法也可以说服他们重视创造力的商业价值。"

——波士顿咨询公司行为和文化专家　德里克·纽伯里

"在《创造力觉醒》这本书中，娜塔莉·尼克松女士倡导我们把全身心的自我带入工作中，依靠提问、即兴和直觉去创造。想让自己的团队获得专业上的成长，并且期望在组织中实现更大的创新的领导者们应该阅读此书。"

——畅销书 *Bring Your Human to Work* 作者
埃里卡·凯斯温

"通过讲述自己以及各个领域中创新者的故事，娜塔莉·尼克松向我们展示了如何去激发我们天生就有的创造力，并提供了一个非常有价值的关于创造力本质的定义——介于奇想和严谨之间的动态张力。这是一本必读书。"

——IBM 设计总监　莎拉·布鲁克斯

"想象一个创造力倍增的世界。《创造力觉醒》以非常清晰易懂的文字向我们展示了创新的方法和洞见。娜塔莉·尼克松是一位大师，将我带入了那个世界。"

——百森商学院院长　小斯蒂芬·斯皮内利

"在这本我期盼已久的书里，娜塔莉·尼克松深度挖掘出在具有颠覆性的、充满变数的世界中，想要获得成功所必须具备的核心能力。如果想要提出别出心裁、有影响力、能吸引人们参与其中的解决方案，《创造力觉醒》是必读书。"

——Spark Foundry 全球战略与跨文化交流执行副总裁、总经理
埃丝特·富兰克林

"这本书超越了我们通常所说的创新，旨在激活人们与生俱来的内在创造力，启发领导者进行必要的实践来唤醒员工的创造力，发现增长机会，释放新的客户和业务价值。"

——商业创新工场创始人兼首席产品孵化师　索尔·卡普兰

"在《创造力觉醒》这本书中，娜塔莉·尼克松以绝妙的、反其道而行之的方式声称，创造力是可教可学的。她把创造力

描述为结构性和混沌性、聚焦和发散、规则和无规则参半的状态。她引导我们去理解这项关键能力，并且大胆揭示：我们都是具有创造力的。"

——德雷塞尔大学荣誉教授　艾伦·格林伯格

"我们都知道创造力是商业成功的关键，但极少有公司积极鼓励员工发挥创造力，也很少有职场人士真正知道怎样发展创造力。《创造力觉醒》通过引用实战案例阐述创造力的触发机制和作用机制，及其给个人和企业带来的价值，来指导我们如何释放内在创造力。"

——《生态时尚》(Eco-Fashion)作者　萨斯·布朗

译者序

"创造力是你已经拥有的,无须再求,并且触手可及。"读了这本书,你会由衷地相信这句话。

具有时尚和人类学背景的跨界创意者娜塔莉·尼克松的真实成长故事,再加上她和 50 多位来自不同领域的领导者的对话,以及她在对创造力、商业的洞察中所淬炼出的精华,使得这本书成为关注自我创造力养成的人士及商业创新者们学习、练习的最佳读本。

创造力既不是艺术,也不是神话,它就是本能。创新既不是工具,也不是方法,它就是生活。我们谈了太多的创新,以至于提起这个词的时候,兴奋的同时已经有些麻木。语言是深厚的,又是单薄的。语言的深厚之处在于一词一世界。我读这本书的感觉好像是在不断地"zoom in"[①]：潜入创新的皮肤下面，看清血管和肌理。这好比进入了一个琳琅满目的博物馆，而每个创新的人物及故事都是一个展厅，非常丰富多样。同时，我读这本书的感觉又像是"zoom out"[②]，在一条非常广阔的人类历史和文化长河中去看创新演变的星星点点。语言的单薄之处在于，"chuangxin"这个词很容易发音，我们也习惯了它被频繁地使用。但是，每天都在讲，看似也在做，我们却无法触及足够的深度和广度，缺乏对于"创新"这个词语之下的世界的探索。这就是为什么你需要阅读本书。

你可以从书中看到，人类历史、社会文化、不同国家的政治政策等大环境的交织对于人们创新的信念以及行为的影响，也可以看到个人所处的家庭环境（家长为孩子选择什么样的教育）、个人性格和能力特点等对于一个人的文化影响之深。每个人对于创新的演绎都可以是不同的。虽然，美国人的文化与思维方式跟我们有很大的不同，我们都知道很多方法无法照搬，很多观点放在中国国情下也许不成立，但这不妨碍我们每

---

　　①② zoom in 和 zoom out 是摄像技术用语。zoom in 指照相机等用变焦距镜头使景物放大，也就是将景物推近；zoom out 刚好相反，表示用变焦距镜头使景物缩小，也就是将景物拉远。

个人去深度思考和探索。书是一面镜子，看到他人的思想，再反观自己，在其中找到联结，价值就在这里产生了。

书中的主线是严谨和奇想。很巧的是，在实际生活中，娜塔莉的先生约翰就是一位律师，不免让人想到严谨；而娜塔莉是创新顾问，代表着奇想和直觉。他们固然有很多不同之处，但对于不同以及由此引起的摩擦，他们的处理方式充满智慧：不会想要说服对方，而是在信任和理解的基础上，用幽默调侃的方式来化解。创新的过程中除了新鲜好玩的部分，还包含非常多的冲突，尤其是在多元文化团队中。而多元文化背景的团队构成又是创新所必需的。因此，如何尊重和包容不同的视角和观点，就是创新之旅的修行了。

我和作者娜塔莉因翻译她的第一本书《战略设计思维》结缘。2017 年的冬天，我在美国东部旅行时，也曾去费城拜访过她。她十分热情地邀请我在她的家里住了两天，我和她的先生、母亲都有所接触。让我至今都记忆犹新的是：她家客厅的墙上挂着一幅油画，是由非常简单的色彩和线条勾勒而成的抽象画。娜塔莉说，某个下午，她完全放空自己，在房间里跟随自己的心流和情绪，就自然而然、又富有创造性地完成了这样一幅画作。这种自由的表达，正是"玩耍"的一部分。在她家的厨房里，除了锅碗瓢盆，还有一个不可或缺的物件——亚马逊的 Alexa 智能音箱。娜塔莉只要在厨房，就会呼唤 Alexa 播放音乐，它就像一位不可或缺的密友。心血来潮时，她会即兴地跟随节奏扭动身体。舞蹈和即兴，已经融入她的血液，成为生活中必不可少的一部分。

我们就在她家的厨房吧台前坐下，拿了一张纸，边交谈、边在纸上画着表达一些想法。她打开刚刚收到的拍立得相机，兴奋地把玩，又尝试着拍了几张合影，把即刻打印出的迷你小照片签上名字送给了我。小照片至今还摆放在我广州的家中，每每看到它，都会回想起那晚我们在厨房里的交谈。

娜塔莉家的客卧床头柜上，有一个很特别的小本子，上面都是曾到她家留宿过的来访者写下的一些赠言。一页页读过，非常温暖，我也在空白页写下了赠言……不知三年过去，那个珍贵的小本子是否早已填满，封存为时间的记忆？

娜塔莉非常喜欢运动。早晨起床吃过早餐，她带着我到附近的郊外散步。途经一个马场，她热情地跟马场的女主人打招呼；看到里面有一匹非常高大的白色骏马，她一脸兴奋地上前拍拍它，很认真地问女主人这匹马的名字和故事……第二天，她又带我去了一家非常有特色的咖啡厅，以及旁边的一个旧货

店和一所学校里的一个书店，每一家店都有独特的故事……还
有很多可以历数的细节就不一一展开了。

很难想象因一本书结缘，两个来自不同国度、拥有不同文
化背景的人，就在这短短两天的时间里，交织出这么多值得回
味一生的东西。娜塔莉的生活态度、生活方式对我的影响，甚
至远超她在专业上对我的影响。我们已经成了专业上可以分
享、生活上可以联结的朋友。

2018 年夏天，娜塔莉作为创新导师来参加欧洲创新学会
（EIA）首次在深圳举办的创业训练营。这是她第一次来中国。
其间的一天傍晚，我从广州过去见她。作为 2016 年 EIA 在意
大利都灵创业训练营的学员，我也特别兴奋地见到了来自硅谷
的导师团中其他几位熟悉的导师。共进晚餐后，娜塔莉和我在
广场上边走边聊她在中国的见闻和感受。当我们走近正在跳广
场舞的人群时，她兴奋地加入其中，跟着领舞者跳了起来，还
不忘让我用手机录下视频。在持续多日的严谨工作后，她的脸
上绽放出轻松愉悦的笑容，像个孩子一样可爱。我不免感叹：
对于广场舞，我们年轻人可能会持有偏见，羞于加入其中；而
娜塔莉却认为非常新鲜有趣，并且会毫不犹豫地参与进来。她
跳得那么开心，也给了我全新的视角来看待广场舞。

分享我和娜塔莉的相处经历，是想让读者们看到，娜塔莉是书如其人、人如其书，知行合一。要深入一个人所处的真实环境中去观察和感受，才能充分理解这个人及其所代表的文化。一切尽在真实的生活里，正是与人、物、自然的互动和联结，才足以给人带来深远影响。提问、即兴和直觉，就在生活的点点滴滴中。

2020 年，娜塔莉的新书出版，她第一时间和我分享喜悦，并再次邀请我把此书翻译成中文版。我非常乐意和期待，同时也有很大的顾虑。因为当时我的孩子刚出生不久，几乎没有自己的时间，对翻译本书也只好婉拒。过了一段时间，这件事仍然萦绕于心。我决定帮她实现这个愿望，也好让中国的读者更早看到本书。后面联系出版社时，我很幸运地遇到了中国人民大学出版社的策划编辑罗钦，我们的沟通与合作非常愉快，也感谢她给了我最大的支持。2021 年春节过后，我见缝插针，终于在孩子刚满 15 个月时完成了整本书的翻译工作。在此感谢作者娜塔莉的信任和耐心，也感谢中国人民大学出版社提供的机会与支持。我由衷期望《创造力觉醒》能给我们的教育观念、生活方式带来一些启发和影响。只有观念与文化发生改变、人与人的互动方式发生改变，创新才更有希望。正如娜塔莉在书中所说，人类需要重新拾回遗失的美好。

由于疫情影响，回国计划一再推迟，期望借本书与国内的读者朋友们重新建立联结。

下面，请开启与娜塔莉以书为媒的对话之旅吧！

张凌燕

写于毛里求斯封城期间

目　录

导　言 / 1

激活创造力就像跨越前的助跑 / 2

创造力是创新的引擎 / 3

3i 创意模型 / 7

本书的缘起

　　——三颗种子的萌芽 / 10

本书的价值

　　——释放内在创造力的邀请 / 12

严谨和奇想让我成为整合思考者 / 13

我的远大目标

　　——实现创造力觉醒 / 16

第 1 章　无创造，不未来 / 17

有关创造力的 4 个信号 / 18

为何创造力会被忽视？/ 21

使创造力触手可及 / 25

创造力的触发在于跨越边界 / 29

第 2 章　在奇想和严谨之间徜徉 / 33

智慧始于奇想 / 34

奇想和创造力 / 37

用严谨击破挑战 / 38

严谨和创造力 / 40

"奇想—严谨"范式 / 43

严谨和奇想让创造力不再抽象 / 49

第 3 章　提问：问一个更好的、出人意料的问题 / 53

为什么不去问更好的问题？/ 54

提问，是从 why 到 how 的混序过程 / 58

信任是提问的基础 / 63

在组织内让提问常态化 / 70

提问能够引发新发现 / 74

第 4 章　即兴：利用有组织的混序 / 77

未来的工作就像演奏爵士乐 / 78

设计即兴组织 / 82

生活和工作是混序的 / 87

第 5 章　直觉：先有勇气，再谈精通 / 91

直觉的来龙去脉 / 92

将直觉作为决策工具 / 94

直觉其实是一种数据 / 96

直觉和棘手的问题 / 100

直觉将勇气摆在精通之前 / 102

第 6 章　创意摩擦：在社群里共同创造 / 105

社群是创意的基础 / 106

为什么社群对创造力至关重要？ / 108

设计创造力社群 / 110

懂得缩放 / 112

第 7 章　预判：放大人类的独特之处 / 117

世界的未来取决于创造力 / 118

创造力是第四次工业革命 / 121

为组织的未来做好准备 / 124

整合思考者将倍受欢迎 / 131

第 8 章　重构：再混合，再建构，再利用 / 133

阳光下没有新事物 / 134

模板原型就是模式 / 135

像时装设计师一样思考 / 138

用你所拥有的 / 143

第 9 章　走出办公楼：提高创造力的终极法宝 / 147

转换视角 / 148

成为"翻译" / 152

玩耍 / 160

跨越！/ 167

附录1　21个问题和建议，激活你的创造力 / 170

附录2　奇想—严谨游戏 / 173

致　谢 / 176

参考文献 / 180

导　言

灵感的确存在，但它需要我们去发现。

——毕加索

激活创造力就像跨越前的助跑

如果你曾经有过助跑跨越的体验，那么你会意识到你必须拥有以下几样东西。

首先，得有一个目标。你必须注视着奖品，它就放在距离你不远处的某个地方，还得离你足够近，几乎触手可及。

其次，你必须通过跳跃而不是走或跑才能得到期望的奖品，这其中存在一些你需要跨越的障碍，即挑战。

然后，实现纵身一跃通常需要助跑。你需要通过热身运动将全身的动能集聚到一起，并推动自己前进。

再次，跨越需要暂缓评判。在前期做完了对纵身一跃的所有分析、测量和评估之后，这时就需要信念和直觉来引领了。

最后，跨越是会使你向前，而非向后的。你有可能会跌倒，但向后跳却几乎不能实现。前方是未知的，跨越需要巨大的能量和对未知的信任——它总是将人们带入新的领地。

创造力的激活跟助跑跨越有极大的相似性。它需要挑战与能力相匹配，需要严谨的积累和准备，需要信念和勇气，需要对未知的信任和预判等。

创造力是创新的引擎

就像我们身体机能上的纵身一跃，创造力的激活对于跨越边界至关重要，这是一个积极的、动态的过程，直觉在其中的作用不可小觑。人们需要激活创造力，来跨越毫无成效的"忙乱"和倍受追捧的"创新"之间的鸿沟，这点无论对于个人还是组织而言都是适用的。创造力之所以重要，是因为它是创新的引擎。

有多少次你曾听到人们喃喃自语："呃，我不是那种有创意的人……"或许你自己也会这么想。这其实是自欺欺人，因为人生来就有创造力。要成为杰出的律师、经理、医生、工程师，甚至水管工，都需要大量的创造力。创造力与生俱来，而我们的教育却要专门教授人们如何富有创造力，公司的高管也没有把人们的内在创造力当回事儿。这就是为什么这么多追求创新的人却无法在实践中真正实现创新。他们期望在系统、结构和流程中创造出新的、原创性的事物，却没有尊重人类所独有的创造力的原始冲动。

可悲的是，创造力已被拎出来，和艺术混为一谈。这对艺术家来说是不公平的，对我们的整个社会也没有好处，人们的生活质量受到了影响。公司里的员工们正在办公室的隔间里缓慢地消耗着生命，而学校里的学生们也都被要求规矩、安静地坐着，被动接收海量的信息。这种模式从农业经济时代就是这样，至今竟然依旧被效仿。当前，我们正经历着科技的热潮，人们沉迷于大数据、人工智能和虚拟现实，却忘记了"人"才是所有这些数据点的起始和终端。我们似乎忘记了创造力才是开发出优秀的 App、疗愈病人以及领导充满活力的企业毋庸置疑的关键要素。

我们生活在一个复杂的世界中，这里有很多灰色地带。在这个充满不确定性、模棱两可的世界中航行并非易事，但也不必把它想象得那么繁杂。我的意思是，很重要的一点是要知道：繁杂（complication）和复杂（complexity）不是同义词，而是两个截然不同的概念。

繁杂是指难以控制的变化，但最终却是完全可以控制的。根据定义，繁杂系统有着明确的入口和出口。尽管一团糟，但你依然可以找到出路。一块手表里面的机械组件、一架飞机驾驶舱里的导航屏幕，以及整个国家的电气基础设施等，都是繁杂系统的示例。如果我们把镜头拉远到 30 000 英尺^①的高度，就可以识别出这里面基本的顺序和逻辑。繁杂的系统有其模式，我们是可以探寻到的，其中的难题在专家的协助下也是可以解决的。总而言之，它们是可预测的。

而复杂系统却没有明显的入口和出口。我们的生活中充满着复杂性。比如，我们的大脑就是极其复杂的系统，充满着发散和聚合的神经回路。美国的卫生保健系统也是极其复杂的，患者每天都在尝试了解医疗系统，弄不清楚自己到底有什么问题，甚至不知道如何支付账单。我们当今就置身于复杂的系统中，这些系统是无法预测、难以管理的，需要我们提出观点，并定期进行实验，来验证我们的观点和想法。

面对复杂系统，我们需要广阔的视野和多个具有优势的视角，才能看到一幅完整的画面。假设你是曼哈顿城的游客，站在一个繁忙的街角，试想一下感官的超负荷朝你袭来：汽车的喇叭声，巨型屏幕里播放的音乐，成群的人们迅速从你身边走过，运送食物的卡车传来的气味，地铁入口楼梯处八条不同地铁线路的指示标牌……这些会让你透不过气来。除非你能够从

---

① 约 9 144 米。——译者注

空中俯瞰你所在的位置，路线图才会呈现出来。如果能够搭乘直升机看到整个曼哈顿岛，结果则会更清晰。典型的复杂系统就是这样，需要在时间和范畴上拉远到一定量级，才能看到全景。

复杂系统是自组织、自适应和自迭代的，这就是为什么你越是拥有多种不同的技能，越有可能解决某个复杂问题。"控制"——这个目标对于繁杂系统来说是可行的，而对于复杂系统来说就不是这么回事儿了。在复杂系统中，如果你想要去控制，那么你会经历很深的挫败感。

爵士贝斯手查尔斯·明格斯说："把简单变得复杂很容易，司空见惯；而把复杂变得简单，简单到极致，这就是创造了。"应用创造力的一个结果就是，通过重新排列组合以前没有探索过的事物和方案，把好的想法拼凑起来，使复杂问题的解决变得简单化。事实上，想要从复杂系统中导航出一条通路，就是通过创造力来实现的。而创造力本身就是一个复杂系统，开放式的提问技巧、即兴和直觉是这里面最有效的。这就是为什么创造力如此重要，它是解决我们当代面临的复杂问题以及为未来而创新的唯一方法。

3i 创意模型

"奇想"这种能力使我们能够去敬畏、驻足、做梦以及大胆地问一些天马行空的问题。而"严谨"这种能力让我们有规则意识，能够深度思考、关注细节，花时间去深钻问题直到精通。这两种能力都是激活和发展创造力所必需的。事实上，**我将创造力定义为：在奇想和严谨之间来回切换，解决问题并产出全新的价值。**而提问、即兴和直觉是增强这两种能力必不可少的实践。

创造力并不是社会中的某一类群体所独有的，人类天生就有创造力。任何人都可以发挥创造力，每个人也都可以变得更有创意。正如你将在本书中阅读到的，任何领域的创新人士（律师、水管工、会计师、设计师等），通常都在不断地磨练着他们的创造力。他们运用 3i，即提问（inquiry）、即兴（improvisation）、直觉（intuition）来思考问题并与他人合作，不断提高自己的创造力。我把它称为 3i 创意模型（见图 0－1），这三点是实现创新的战术。

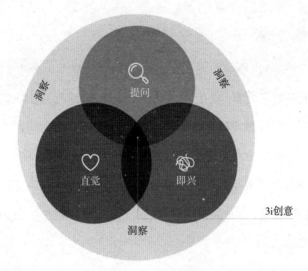

图 0—1　3i 创意模型

提问

好奇心源于信息差，你总是想要了解更多自己目前不太理解的东西。提问是能够促使你弥补信息差的关键一步，也是磨练你定义问题、重新定义问题的一种实践，因为它需要把好奇心贯穿到整个思考过程中。提问，是智慧的源头，也是同理心的前身。

即兴

即兴是指在限制性最小的条件下去构建有创意的想法。你有实验和尝试的自由，但也需要规则和非固化的结构来帮助你矫正方向和包容失误，这是一个深刻的观察性和适应性的过程。爵士乐、说唱、喜剧创作，以及推销话术、科学实验等，都是很棒的即兴的例子。

直觉

我们所有人都有天然的内在智慧，使我们能够运用潜意识里的认知和洞察来做出一些决策。哈里特·图伯曼、阿尔伯特·爱因斯坦和史蒂夫·乔布斯就是著名的创新者和领导者的典范，他们重视并依靠自己的直觉，将其与理性的智力相结合，从而做出决策。

在当今这个时代，以上这些实践需要极大的信任、勇气和胆量。我们必须相信，我们提出的天真问题会被很好地接纳，哪怕刚开始没有任何意义；我们必须有勇气迈向未知，尝试新的、没有人走过的路，以找到自己的立足点；我们必须勇敢地追随我们内心的感觉，尽管这种感觉可能毫无依据。

本书的缘起

——三颗种子的萌芽

五年来，写这本书的想法一直萦绕于心。2014 年我在费城的 TEDx 演讲算是种下了第一颗种子。当时，我谈论了关于未来的工作和爵士乐的相似之处，这是从我的博士研究课题发展而来的。那段时间，我从爵士乐的视角来思考丽思卡尔顿酒店如何为顾客创造一流体验。那次演讲也使我走上了咨询之路，创办了 Figure 8 Thinking 这家公司，来帮助组织和领导者识别出他们究竟处于怎样的商业环境中，以及如何运用创造力来实现商业转型。

然后，大约是在 2016 年，我和创业者们一起工作的经历，为写这本书种下了另一颗种子。我观察到，他们在创业过程中不断调整方向。选择某个方向而不是另一个方向，都和直觉密不可分。我决定基于此观察，来做一个关于直觉领导力的小型民族志研究。我采访并观察了舞者、DJ 和厨师运用直觉和模式认知来解决问题的方式。

第三颗种子的播种，是当我浏览沃伦·伯杰的网站——"一个更美丽的问题"时。我很沉迷于他围绕"提问在创新公司中的价值"而构建的简单又令人信服的模型。

在某种程度上，我意识到这三种实践（提问、即兴和直觉）为人们提供了一种比较容易的方式，来理解和运用创造力，并提高创造力商数（CQ）。正如智商代表着你的智力水平，情商意味着你的同理心水平，创造力商数也极有可能代表着你的创造力水平。创造力商数不是固定的，而是动态变化的。它会随着不断地构建和练习而增加。具体来说，随着你不断增强提问的能力、变得更愿意即兴创作，并且持续磨练直觉，创造力就会越来越强。此外，创造力商数并非个人专属，组织也拥有创造力商数。

为了写这本书，在 2018 年 6 月到 2019 年 8 月，我采访了 56 个人，他们来自不同的领域——农业、法律、水暖、建筑、香水制造、医学、教育、技术等，这里就不一一列举了。我想了解创造力在他们的工作中是如何体现的。通过与他们的对话，我发现借由一种更为积极有效、更加融合的方法，是可以激活并不断发展创造力的。这种方法就是提问、即兴和直觉的应用，也是本书将要详细介绍的 3i 创意模型。

提问、即兴和直觉背后是大胆的野心。它的目标是帮助你以及你所在的组织提升创造力商数，鼓励你将奇想和严谨融入日常生活，从而产出创新的产品、服务和体验，为你所在的组织带来更大的价值。奔着这个目标，通过阅读本书，你将学到三个主要方法：催化提问力、整合即兴力、提升直觉力。当你把这三种实践融入每天的工作中时，你会发现：真正的创造力以及运用创造力的成果——创新，开始出现。

本书的价值

——释放内在创造力的邀请

在 Figure 8 Thinking 公司，我帮助组织和领导者变得更加有能量和充满创意，并为他们的顾客设计更好的体验。我看到很多客户（组织和领导者）在寻求创新，却往往不愿意以可持续的方式在鼓励创造力的流程和时间上下功夫。这一点，无论是在金融服务这类受监管的行业，还是在医疗保健、消费品行业，抑或是在基金会和非营利组织，皆是如此。这些行业和组织里不乏严谨，包括会议、流程和规则手册，却严重缺乏奇想，即停顿下来，思考更宏大的、更大胆的问题的能力。通过本书，你将了解到，如果缺乏奇想，严谨也是不可持续的；而没有这两种能力，创新也必将受到阻碍。

本书适合对创新持怀疑和保守态度的领导者阅读。本书会让他们看到，如何用一种更加动态、整合的方式来领导和适应创新，自由地拥抱我们生而为人的本能——创造力。

本书也适合为跨部门的壁垒、陈旧的组织系统所困，以及认为公司太大倒不了或太小根本不可能赢的创业者和员工阅读。本书将教会读者如何提高创造力商数，塑造创新竞争力，从而不断适应日益复杂的世界。

谈论创新或创造力的书有很多，但很少去揭示创新的本质及其背后的技巧。本书分享了激活和提升个人与组织创造力的各种策略，即创造力发生的关键实践。期望这本书于你而言，是一种认知颠覆、一种灵感来源、一种释放内在创造力的邀请。

严谨和奇想让我成为整合思考者

我有着文化人类学和服装时尚的专业背景。这两个学科以其独特的学术背景和方式赋予了我双重思维和截然不同的能力。我的工作经历包括20世纪90年代初期在纽约创业，当时的我是帽子设计师；然后，我去了中学教英语；接着，我先后在斯里兰卡和葡萄牙生活和工作，为内衣品牌"维多利亚的秘密"设计内衣；再后来，我在大学担任了16年的时装管理和战略设计教授；现在，我以创意策略师的身份从事咨询工作。

在时尚领域的工作背景赋予了我一种能力，让我能以更加全面的方法来实现商业战略。从来没有在时尚领域工作过的人，要么把这个行业看得很轻浮，要么就被它吓倒了。事实上，时装生意中只有 2% 的部分很炫酷（来自灵感），其余98% 的工作都需要强大的业务敏锐度（基于专业和严谨）。从事全球采购的工作经历，即怎样才能以最低的成本、最短的交货时间获得最高品质的服装，教会了我供应链管理、后勤、消费者洞察、审美方面的专业知识，激发了我对销售产品和设计体验的渴望。

我所拥有的人类学知识，每天都能在工作中用到。它教会我用仰视的视角来看待这个社会，并使我拥有观察以及定义问题的能力。定量方法以及经济学、社会学、政治学等社会科学使我以鸟瞰的视角来看待社会，向我展示了基础运行模式以及"是什么"。但是要了解"为什么"，我必须向下深挖并用到深度观察法、背景调查法以及访谈法，这些都源于人类学。理想情况下，定量和定性的方法能够同时用上、互为补充，这正是我这个整合思考者最闪光的特质。

我的最后六年与学术相关的职业生涯是在宾夕法尼亚州费

城的托马斯·杰斐逊大学度过的。在那里，我和一群背景非常多元的同事共同构建了战略设计 MBA 项目。该项目将工作室模型应用于课堂教学，并将整合设计思维贯穿始终。我们在这项工作中的目标是，创造性地打破传统商学院的研究生教育。我们深信，将以人为本的创新能力（移情、原型制作）与数据可视化的专业能力交融在一起，能够使职场专业人士从学习战略到获得成功变得易如反掌。我从大学辞职后，该项目就被纳入现有的、更传统的 MBA 学位了。我为我们曾经付出的努力——将整合思考法正式融入学习过程而感到自豪，它对学校和学生的影响还一直持续着。

从某种程度上，这本书反映了我内心的不确定感。无论是把自己定义成"更具分析力的"还是"更具创造力的"，我都感觉不太合适。事实上，我现在才意识到，将这两者严格区别开来是不对的。因为创造力需要分析性的严谨，而做分析又需要奇想来理解复杂的难题。事实证明，将奇想和严谨融合起来激活创造力，从而实现创新，是当今最为重要的。

我的远大目标

——实现创造力觉醒

艺术，是看到不存在的世界……

民权主义者是艺术家。

运动员也是艺术家。

艺术家是那些能够对不存在的事物富有想象力的

人们。

——奥斯卡提名的电影制片人　阿瓦·杜维尔内

我喜欢这个对艺术非常宽泛的定义："看到不存在的世界。"作为地球上的人，我们需要共同创造一个尚不存在的职场世界——人们应邀将全部的自我完整地带入工作，致力于创新。当前，大多数人并不是以这种状态工作的，但这是最佳的工作方式，它将带来更快乐的员工和客户。我的远大目标是通过这本书，帮助人们实现创造力觉醒，跨越当下和未来必须建构的最佳职场间的鸿沟。

第 1 章

无创造，不未来

有关创造力的 4 个信号

从我搜集到的信号来看，在商业活动中，我们越来越重视人类独有的思维和创造方式。第一个信号来自管理咨询公司凯捷咨询。2015 年，凯捷咨询发布了一份报告，题为《面对数字化的冲击：在任者该如何回应?》这份报告的第一句话就让人一惊："自 2000 年以来，财富 500 强中有 52％的公司或破产，或被收购，或不复存在。"[1]

这些公司失败的主要原因被归结为无法适应日益复杂的世界。让我们更深入地去理解一下，为什么它们会很难适应？其中一部分原因包括它们所认为的"组织庞大，不可能轰然倒下"的先前假设，以及组织发现自己处于领先地位的优越感。但是，这些固有的观念从何而来？仅仅说这些组织领导者和员工不能足够快地实现创新是不够的，还因为他们变得自满，才逐渐陷入了困境。FS 投资公司的董事长兼首席执行官迈克尔·佛曼告诉我，随着组织变得越来越大，更加关注风险管控的时候，组织领导者就很容易陷入"习惯于说'不'的专制"。

"他们要解决的是如何'否定'，而不是如何说'是'。而说'是'是创造力的支点。"他观察到，那些曾经非常成功的公司最终失败的主要原因是，组织领导者没有意识到激活员工与生俱来的创造力有多么重要。

第二个信号的出现让我比较意外，它来自世界经济论坛。2016 年的世界经济论坛预测，到 2020 年，创造力将成为排名第三的职业技能。要知道，在 2015 年，世界经济论坛尚且将创造力列为排名第十的职业技能。有趣的是，该论坛预测，到 2020 年，批判性思维和解决复杂问题的能力将分别排名第一和第二。但是，你猜怎么着？创造力本身就需要批判性思维和解决复杂问题的能力，因此本质上而言，创造力是未来工作所需的最重要的技能（见图 1—2）。

第三个我目睹的信号是，美国"娱乐时间"有线电视播出的热门电视剧《亿万风云》。剧中的温迪·罗德斯跻身 Axe 资本的最高管理层。她奉劝那些激进的、被男性荷尔蒙激素驱动的风险资本家转而倾听自己内在的声音，学习冥想，并把成功可视化。我越来越多地看到那些有着人类学、心理学、认知科学等学科背景的人们在一些成果难以量化的地方发挥着重要作用。

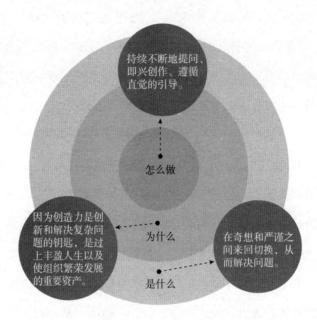

图1-2 什么是创造力？

也许最明显的信号出现在2019年夏天。《商业内幕》宣布《财富》全球100强企业领导者的集会最终以"认可利益相关者的价值与股东价值同等重要"[2]而告终。尽管很多人对于这些企业会如何通过行动来证明人（以及地球）与利润同等重要持观望态度，但重要的是，这些领导者至少大声承认了人的价值。

为何创造力会被忽视？

家具设计公司 Steelcase 通过研究，提出了关于工作中的协作和创造力的有趣见解[3]。研究者们在德国、法国、英国、西班牙、美国和日本调研了 4 500 个人。以下是一些与创造力相关的观点：

- 14％的人在职场中没有机会表现自己的创造力。
- 55％的人希望自己扮演的职场角色更具有创造力。
- Y 世代[①]和 Z 世代[②]的年轻人比年长的人在工作场合表现出更多的创造力（60％∶50％）。
- 影响创造力发挥的阻碍因素包括：

    ↳ 缺乏启发性的空间（20％）；

    ↳ 现有工作量（36％）；

    ↳ 缺乏指导或不被允许发挥创造力（19％）；

    ↳ 过时的技术（20％）；

    ↳ 其他（5％）。

---

① Y 世代，即千禧一代，一般指 20 世纪 80 年代和 90 年代初期出生的人，也叫作千禧世代，源自美国文化对一个特定世代的习惯性称呼。——译者注

② Z 世代，是盛行于美国及欧洲的用语，特指在 20 世纪 90 年代中叶至 2009 年出生的人。他们受到互联网及各种科技发展的影响很大。——译者注

尽管有上面所说的种种信号，但我还是确信董事会现在也不怎么强调创造力了，因为我们实际上并不了解创造力。我把创造力定义为我们在奇想和严谨之间来回切换，以解决问题并创造新的价值的能力。虽然很多公司试图创新，但多数公司的企业文化中很少涉及创造力这个词，也没有开辟一个让创造力诞生的空间。这又回到过去我们仅仅把创造力划归到艺术领域的情况中去了。这使得创造力仅仅在少数领域被接触到，并没有受到普遍的重视。在美国著名的艺术教育顾问肯纳·鲁滨逊爵士 2007 年的 TEDx 演讲中，他谈到创造力自信的水平在下降。他说，当询问幼儿园的小朋友"谁想成为一名艺术家"时，大多数人会举起手来。而到了高中，认可将艺术作为未来职业方向的学生减少到不足四分之一。

或许创造力让你感到难以触及，因为创造的过程中充满了各种模糊不定而非程式化的东西，它是个复杂的过程。缺乏可以遵循的一板一眼、循序渐进的方法的确让人感到不舒适。当我们能够识别出创造力时，艺术品已经诞生了。而在创造的过程中，艺术家正是置身于模糊与不确定中，不知道创意会将他们引向何处。他们暗下决心会全力克服这种不适感。

领英制作了一套关于职场的系列视频，名为《你好星期一》。在其中一集中，演员劳拉·林尼接受了杰西·亨佩尔的采访，谈论的主题是如何给予建设性批评。[4] 访谈中，劳拉谈到"与不舒适相伴"的价值。作为艺术家，她已经逐渐把这种体验当作工作的一部分，来塑造一个人物并与其他演员合作。我被她如此乐于接受不舒适和模棱两可所打动。

创造力的跨越需要我们用奇想和严谨去听、去看，以消除工作过程中的模棱两可和不确定性。劳拉·林尼描述的这种"有意识的创造过程"启发我们，要想去创造，就必须有意识地去看、去听足够多的东西。只有通过深度的聆听和观察，我们才能发现需要调整的细节。

从根本上讲，艺术教会我们如何从不同的视角看待事物。例如，当你学习如何画一个花瓶时，你不仅要观察眼前的这个物体，还要观察花瓶周遭的环境。一开始的练习可能是从勾画粗略的轮廓线条开始。尽管并非刻意为之，但到最后你总会以画出"负空间"收尾。负空间是指在色彩、光和阴影之间呈现出来的在物体边界线之外的空间。这让我想起《鲁宾的面孔/花瓶幻觉》这幅画作，它也被称为《地面花瓶》。在这幅画中，你可能会交替看到一个女人或一个花瓶。这是一个很经典的例证，说明了如果不只是看到眼前显而易见的事物，而是把关注点转移到外围空间或事物本身之外，我们看到的事物就是可以被放大、缩小或具象化的。这一点会帮助我们对事物的假设提出质疑，让我们从各种不同的视角来看待事物。

2018年，我和朱利安·哈茨海姆在中国深圳的欧洲创新学院——一个创业加速器项目中相识。他是德国人，在葡萄牙里斯本的诺瓦大学学习，带着他的社会创新愿景来到深圳。这还不算什么，让我更加钦佩的是，后来在和他一起喝咖啡的时候，他分享了自己在诺瓦大学创办创新中心的故事。

朱利安在里斯本商学院上课的第一周，一位教授问全班同学："你们中有多少人相信创造力是未来最重要的技能之一？"所有人都举起了手。而当教授接着问："你们中有多少人相信自己具有创造力？"大多数学生的手都放下来了。朱利安因此看到了问题，也看到了机会。于是，他和几个读MBA的同学一起尝试，创立了创新中心——一个提出新想法的平台。其中一场工作坊的主题是"讲故事"，由涂鸦艺术家主持。他们还做过一场活动，叫作"柠檬水挑战赛"，给参与的学生每人20欧元，让他们找出销售柠檬水的更好的方式。

朱利安带着一些奇想创办了创新中心，在付诸实践的过程中又带入了严谨。运用我们人类所具备的天然的创造力和创意去解决问题，对他来说是一个全新的改变，对他的生活产生了巨大的影响："这件事让我更有信心，相信我的想法。这也是一个试点测试阶段，让我看到如何在一无所有的状态下仅靠愿景去构建一支团队。"现在，朱利安已经毕业，并在里斯本的一家以"终结葡萄牙的森林火灾"为使命的初创公司工作。

这些都是与创新过程中会产生的不舒适感、不确定性相伴的好处。对于朱利安而言，正是这股推他走出舒适区的力量，帮他树立了自信，使他更加坚信自己的想法。他并没有回避不确定性带来的不适感，而是努力应对。温斯顿·库切尔说："当你穿越地狱时，请继续前进。"除此之外，没有其他更理想的路径。这就是创新过程中严谨的部分。

使创造力触手可及

你所在的公司有创新部门、创新实验室或者创新工作室吗？如果有，那很好，因为它表明了不想循规蹈矩地用传统方法去做事的意愿。但是，从拥有一个创新中心到真正建立起创新的企业文化，则需要激活员工的创造力。它需要在组织的各个层级整合出全新的思维和心态。否则，也只是在公司里多搭建了一个筒仓而已。

人们无时无刻不在使用"创新"这个词。有时候，我们只是泛泛而谈，却没有深入到其核心定义的层面。创新是什么意思？创新是发明创造在金融、社会、文化价值层面的转化和表达。此外，创新的引擎是创造力。这也意味着我们如果真的想创新，就必须设计工作环境中的系统、流程和体验，使我们能够发挥创造力，催化出更多的发明创造。

如果我们所做的仅仅是开辟新的部门或空间，指定它为创新的空间，那就好比是说，要想具有创意和创造力，就需要一个独立的时间和空间。事实并非如此。创造力本身就是生产力的发挥。这就是为什么它对于企业而言至关重要，而不只是一些多余的、无关紧要的附属品。构建整个组织范围内的创新能力，是实现这一目标的最佳方法。

第一步要做的，是使创造力成为组织内的所有人都触手可及的资源。把创造力定义为能在奇想和严谨之间切换的一种能力，并且通过提问、即兴和直觉来强化练习，是使它有迹可循、由抽象到具体的一种方式。从这个角度看，创造力对于我们所有人而言都是触手可及的。

探究或好奇心是创新的基础。如果没有提出好问题的能力，就不能自我反省，无法迈出创新的第一步。我从沃伦·伯杰的书《绝佳提问》里得到的最主要的收获之一就是：提问，其实是一种思考方式。[5]

即兴，是你当下呈现的对周围的人或事物做出回应的能力。即兴创作是有规律的。它不是做你想要做的任何事情。即兴的美妙和乐趣在于，你可以从最小的结构中去发散和往复，创造出全新的东西。即兴就是一种混杂。

直觉，是心灵和意识之间的联结，源于你的本能，是一种无意识的模式识别。通常是直觉使我们最终实现创造力的触发和飞越。

提问、即兴和直觉不需要遵循任何特定的公式或顺序。它们的使用视情况而定，这其中伴随着一些起伏和心流，会让你产生洞察。也正因此，创造力才成为创新的引擎。

心理学家米哈里·契克森米哈赖将心流定义为这样一种状态：你如此沉浸于一项活动，以至于其他的一切都显得不重要，你甚至忘记了时间，没有了自我意识。米哈里认为心流是激活创造力和通往幸福的秘诀。他所描述的创造力，是当一个完全的心流产生时，让生命变得很有价值的时刻。

心流在个人和组织层面都可能发生，只要我们不把创造力分离出来，把它降级为艺术领域的专属能力。创新与非创新的错误二分法把创造力的责任全部归结到艺术家身上，这是不公平的。期望所有的创意成果都来自艺术家，这是很大的误解。我们并不需要通过声称自己是艺术家，来成功获取融资，或是在经济贡献上获得实质性的认可。相反，我们所有人都应承担起一份责任，成为创造力的催化剂，因为创造力存在于我们所有人中。

当我采访 Fitler 俱乐部（为专业人士提供全方位服务的城市社交俱乐部）的首席运营官杰夫·本杰明时，他最初说："我不认为自己是一个有创造力的人。"但在我们的对话进行到一半时，杰夫说了这样一番话："就像世界上没有两片相同的雪花一样，创造力也因人而异……我并没有对餐厅①经理发号施令，而是把他们看成我的客人，而我是服务他们的侍者②。"这段话，足以说明他看到了自己的创造力。

杰夫意识到，无论是专管运营的执行副总裁，还是律师、科学家、企业家，甚至是水管工，要想保持活力和创新精神，

---

① 指 Fitler 俱乐部里的餐厅，属于俱乐部的一部分。——译者注
② 指杰夫作为首席运营官，以服务者的角色为餐厅经理提供支持。这是其作为管理者的创新，体现了他的创造力。——译者注

就必须不断地发挥创造力，尽可能地提出大胆的问题，放下所谓的剧本，去遵循自己的直觉。

创造力的触发在于跨越边界

人是喜欢习惯的生物，往往渴望确定性。当你需要停留在现有的赛道上时，在你所处的行业找到一些当下、当场、可衡量的对标物是比较安全的。但是这些对标物同时也是一种限制和禁锢，如果想要思考得更深入，就要建立更广领域、更高层面的对标物。

当我还是教授的时候，我开发了一个战略设计 MBA 项目，我爱上了设计思维的流程。我把它看作一种解决问题的工具，组织可以用它来生产更多以客户为中心的产品和服务。除了移情、原型制作和可视化数据，设计思维重要的标志之一是水平思考。水平思考是指既能从与你相近的部门和项目中学习，又能从与你通常的做事方法不一样的部门和项目中学习。例如，如果你经营着一家科技公司，你可能会探索戏剧的创作过程来学习项目管理。又或者，你可能会有意识地与激进的公司如波士顿数字风投公司对标。水平思考为你提供了新的机会来选择新的对标物，这样你就可以实现类比创新。我现在意识到，难怪我之前合作过的制造团队允许男士加入，来打破旧的设计，创造出全新风格的女士内衣。

很多年前，我住在斯里兰卡的科伦坡，后来住在葡萄牙的波尔图，为"维多利亚的秘密"品牌设计内衣。在我从事女装采购的短暂职业期间，我学习了服装行业的物流和制造。由于直接和面料厂、缝纫工厂对接，我获得了很多很棒的有关生产和质量控制的知识和经验。内衣是一个相对复杂的产品，它包含30多个组件，并且要确保在不同采购点采购的面料等产品在合身和颜色上的一致性，这并非易事。

通常，工厂会通过衡量竞争对手在同一品类中的做法来树立对标物。这个标准只是在行业内或圈子内构建起来的。但自始至终，在设计方向上的最大突破不仅来源于将其他的服装公司或工厂作为参照，也来自实际操作中变通的方法以及对材料的巧妙选择，比如从行业外借鉴。

只有当我们能够打破常规，水平地看到相邻领域（相关领域）或全新领域（完全陌生的领域）时，灵感才会闪现。例如几年前，激光切割和3D打印还是比较新的技术，刚刚被引进服装生产领域。当看到工程师和时装设计师尝试用新颖有趣的方法在织物上形成缩边和切边，同时又要考虑到纤维的熔点时，我不禁拍案叫绝。

采用新的对标物是凯文·白求恩作为战略设计领导者的立根之本。凯文是"梦想·设计＋生活"（一家以"人本设计方法"提供设计和创新服务的智库）的创始人兼首席执行官。他跟我讲述了他在获得 MBA 学位后，在耐克公司与设计团队协作的故事。他使用的一个方法是，定期为设计团队的头脑风暴墙贡献新想法，把来自不同领域的全新的案例贴在墙上。他会问："我们有看到耐克这面墙以外的空间吗？是否还有别的趋势正在引领和重塑这个空间？"当时，他还没有正式接受过设计师的训练，他的第一学位是工程学。所以，他的"非专家观点"为发现新的对标物提供了新鲜的视角。

凯文将创造力描述为"给你机会去组合、重组、打乱或创造性地破坏现有的事物和已知的元素，将它们变成新颖有趣的组合"。在后来作为 BGG Digital Ventures（一家投资和孵化公司）联合创始人的职业生涯中，他当然也是这么做的。凯文及其团队说服初创公司从安全的环境中抽离出来，调整方向，学习如何研究和收集新的洞见。空间，对于建立新的对标物和在复杂的问题中找准方向至关重要。实际上，BGG Digital Ventures 在空间上做了一些试验，例如，把某些房间改造成六边形,帮助人们更顺畅地以跨学科的方式工作。

当你尝试拓展新的业务领域时,必须确定新的对标物和新的基准,并且进入一个新的空间开启工作。当你尝试突破旧有的模式时,必须大胆地跨越到一个全新的领域。

创造力练习

适合你的练习:

把自己变成某个方面的菜鸟;培养一个新的爱好;为自己变得善于提问、即兴创作、能在错误的基础上迭代,以及运用直觉而喝彩。

适合组织的练习:

基于凯文·白求恩的案例思考:哪些行业外的趋势和范例,值得你所处的行业和组织借鉴?

第 2 章

在奇想和严谨之间徜徉

智慧始于奇想

我的小学成绩单上满是类似于这样的评论："娜塔莉是个开心果，在二年级取得了较大的进步。但是，她似乎过于喜欢望着窗外做白日梦……"

我曾经是，并且直到现在依然是一个爱做白日梦的人。白日梦对我有着巨大的吸引力。往往是从我瞥到一个小事物开始，我的意识就逐渐变得模糊，直到我从沉浸的遐想中苏醒，回到手头的事情上。每次回归正常状态时，我都感觉耳目一新。这种遐想，就好比是在酝酿新的想法。

现在，我可以找到神经科学方面的思想领袖来为我的白日梦倾向辩护。丹尼尔·列维京的书——《有组织的大脑：在信息超载时代的直接思考》以及丹尼尔·卡尼曼的著作——《思考，快与慢》中，都证明了创新不是在人们有意识、聚焦时的大脑模式中产生的，而是发生在做白日梦时。

这些心理学家从科学的角度帮助我们重视直觉思维，允许想法在梦境中萌芽。

做白日梦会引发奇想。请留意一下你自己、你的领导和下属有多少次说话是以"我想知道是否可以……"或"我想知道当……的时候会发生什么"开头的，仔细琢磨紧接在"我想知道"这个短语后的句子。这正是我们想要去了解的东西，它将把我们带入探索的深处，奇迹就蕴藏其中。如果你和周围的人说话时几乎不是以"我想知道"开头的，那就令人担忧了，因为容许无知和好奇至关重要。不要阻止自己或他人的思绪随风飘扬，去到一种奇妙的境界。

奇想需要给自己一个慢下来、什么事都不做的空间。这可能是在快节奏、即时满足期望的当下显得有些激进的主张。无所作为的艺术需要暂缓假设，也需要耐心等待。等待的过程可能很折磨人，但是正如上一章所讨论的，安心处在一种不知道、也无从选择的模糊状态中，也是一件严谨的事情。我的母亲曾经建议我："当你不知道该怎么办的时候，就什么都不要做，只是等待就好。总会有各种转变萦绕在我们周围。"

有时候，就是停顿给了我们时间去反思，从而实现最重要的突破。康卡斯特集团下的 Internet Essentials 公司的主管卡里玛·泽达和我分享了下面这个例子。Internet Essentials 是康卡斯特的分支机构，它的使命是消除低收入家庭的数字化鸿沟，确保他们用上互联网。Internet Essentials 在美国与各地的非营利组织合作。卡里玛领导了一支多元化的团队，专注于调研、战略和营销。当她和团队中的一员就报告中的统计信息进行辩论，并且谁也说服不了谁时，暂缓和停顿带来了价值。

> 我们在一封邮件上回复来、回复去，情绪都上来了。我们一直反对另一位同事对报告的解读。然后，我对团队里的一位女同事说："让我们退后一步看，有没有可能他是对的？"我们用了整整五分钟停下来静心去回顾，结果这位女同事说："你猜怎么着？他说的的确是有道理的。"问题就在于，我们在情感上都被统计数据控制了，当我们执着于此时，就没有办法停下来允许其他点子浮现。现在，我还不断地喜欢问："有没有可能那个人是对的？"

在这种情况下，停下手头的一切去奇想，让卡里玛后退一步，获得了不同视角下的解读。这也帮助她第一次以尊重的姿态与同事在相反的观点上产生联结。如果我们想要实现创造力觉醒，并真正取得创新成果，就必须从奇思妙想开始，激发自己的好奇心和探索欲。

奇想和创造力

奇想是创造力的组成部分，需要敬畏、大胆、停顿并大胆地问"如果……会怎样"的问题。复杂的情况涉及的范围通常很广，因此需要通过奇想来激发宏大的思考。问题是，我们的组织和工作流程很少允许我们去奇想。出于眼前的利益考虑，探索的过程被压缩了。人们更倾向于认可快速响应的解决方案。

问题的根源在于我们的教育系统，也就是在我们开始第一份工作之前。我们很多人被教育系统训练得擅长找到一个正确答案，只要把问题和答案联系起来就会获得肯定，并被告诫不要跨越边界。我们最近一次被鼓励在玩耍中学习还是上幼儿园的时候。当升到一年级、二年级、三年级后，我们就被教育要顺应，好好坐着，守规矩。这里并不是说规则不重要（我们稍后会谈到），但仅仅为了规则和秩序而放弃奇想和随之而来的自由，并不是理想的状态。

暂停手头的事情，开始奇想，会激发出对新问题的思考。毕竟每个以"我想知道"开头的句子都是以问号结尾的。奇想，让人想要探索出新的生活方式和行为方式，摆脱既有知识的束缚。我们激活内在创造力的唯一途径，是从奇想开始。奇想是催化剂。然后，严谨推动我们前进，并帮助我们保持创造力飞跃的势头。

用严谨击破挑战

关于母亲为什么让我在四岁时参加现代舞蹈课的故事，有多个版本。一个版本是，她观察到，当我在游戏围栏里模仿她运动时的动作时，我是一个如此充满活力的婴儿。另一个版本是，我曾经（现在仍然）笨拙得令人惊讶，她希望我通过学习舞蹈，变得优雅并且有良好的空间感。不论哪个版本，我在舞蹈训练的最初几年里的确经历了充满规则和严谨的过程。

通过不断重复来学习如何跳舞、如何伸展肌肉，是非常艰苦的过程，并不如想象般美好。那种感觉就像是，你永远也无法像芭蕾舞演员和现代舞者在舞台上那样翩翩起舞。这个过程在某种程度上就是著名的现代舞者和编舞家特威拉·萨普所说的"框架"。正如她所提出的明智的建议："**在你能够跳出框架思考之前，你必须从框架开始。**"这个框架，指的是规则和严谨，是无法绕开的。

达·芬奇有一句名言，说："每一个障碍，都是通过严谨的过程被击破的。"达·芬奇是历史上最伟大的博学家之一。我们可以把他这位文艺复兴之人的成就，归因于他在绘画、建筑、数学和天文方面所发展的专长。他的创造力不仅来自他的好奇心，也来自他应用严谨来学习这些广泛领域里的细节。这些不同的领域也是相辅相成的。在我小时候，我的母亲就教育我说，所有的学习都是有内在联系的。

统计数据由事实和严谨来决定。"体育参考"的创始人肖恩·佛曼是我的邻居，他低调的办公室位于费城的芒特艾里社区一个教堂的联合办公空间里。肖恩在体育统计领域有着摇滚明星一般的威望。"体育参考"曾被《纽约时报》报道过，该网站产生了数百万的浏览量。当我采访肖恩时，他描述的工作过程恰好反映了在奇想和严谨之间来回切换以解决问题的必要性：

> 我在多个方面开展工作，并逐步向前推进，找出对于最终用户来说更直观的解决方案。我必须让自己跳出来，并制定新的解决方案——把所有东西拼在一起，再加以管理。这不是像墙上的画作那样的创造力，而是把数据分析运用到一个个活生生的人身上。

肖恩严谨的工作成果为体育迷们创造了一种全新的方式来接收他们所喜爱的球队和球员的信息。找出一个更好地被定义的问题并向前推进，这个过程需要严谨。

在我采访 NASA 的太空建筑师布伦特·舍伍德时，他提醒我：我们需要严格地设计工作项目的结构和边界，以便我们了解要突破的极限。边界、结构、规则和限制至关重要，让我们的作品变得更优秀。

> 我心目中的英雄之一是贝多芬。如果不是前期在古典音乐领域成为专家，他是没有办法创造出后期的浪漫主义音乐的。除非你先理解规则，否则你不可能打破规则。这个过程会让你进入全新的境地和领域。

成为专家的过程需要花费大量的时间，要专注于细节和具体的事情，还要花很多时间打磨和完成一个个任务。如果不去关注这其中所需的严谨，我们就不会感恩奇想的时光，也无法实现奇想所引发的创造力觉醒。

严谨和创造力

作为生于 20 世纪 70 年代的小女孩儿，我当然非常喜欢唐娜·萨默。我喜欢她那浓密且柔软的头发,美丽、闪亮的红唇,还有小鹿般的眼睛以及无所畏惧的声音。甚至在我七岁时,我就非常想拥有她的盒式磁带。在大约 40 年后,当我的丈夫送给我唐娜·萨默的音乐剧《夏天》(在伦敦的丰塔纳剧院录制的遗作)的门票时,我真的感觉很神奇。耀眼的布景设计、炫目的灯光、令人惊叹的编舞和大胆的歌声,这一切都向我扑面而来。1977 年,我被这个奇想所吸引。到了 2017 年,我也很感激这背后严谨的一面。

如果说奇想好比经历了开幕之夜奇妙的戏剧体验,那么严谨就是所有后台的策划。固定天鹅绒幕帘的缆绳,黑暗的走廊和地下通道,架着灯光设备的箱子,这些都是为打造出超现实的效果而设置的。演员、舞者和歌手必须不间断地排练,直到开幕之夜。

如果我们将创造力浪漫化,把它看成神秘的、玄妙的、只有少数人才能接触到的东西,那我们就错了。创造力不是想当然。严谨是创造力的基本特征,它可以锚定奇想、立起护栏。无论我们选择了什么样的灵感,后续都需要做一些很辛苦的工作。严谨是创造力中经常被忽略或者想要避免的部分。但是,如果我们以更加可持续的方式进行创造力的工作,严谨就是很重要的。

本·巴特瑞是富兰克林邓普顿投资公司的贸易高级副总裁，他向我解释了他在交易大厅工作的时候是如何学会把严谨常规化的：

> 坐在交易台上并尝试解决每天遇到的难题，总是需要奇想和开阔的眼界：新闻、自动收报机、人们的反应、库存变动、资金得失、生活受到的影响……这些东西交织在一起。如果不是亲眼看到，是很难想象的。
>
> 每天也都需要严谨，但一开始就是最难的。我从钻探士官那里学到了给自己下达严厉的指令，诸如："我们不会犯错，永远不会！""我们整宿熬夜，永远不会错过第二天的市场营业。""我们每项交易都不会错。""我们不会生病，我们没有抱怨。"我每天只需要集中精力，然后，就像任何事情一样，让这一点变得常态化。
>
> 事实证明，奇想需要一种积极、严谨、稳定、纪律严明的方法来维持。简而言之，奇想需要严谨！当然，这听起来可能有点反直觉，你之前会认为奇想和

严谨是反义词。

本·巴特瑞最后说的话也反映出：他理解的奇想与严谨是唇齿相依的关系。严谨确保我们能够把已经激活的内在创造力更好地发展下去，它能够为创造一些切实可见的东西提供持续的动力。严谨是发挥创造力的过程中必不可少的毅力和韧性。价值与创新成果的获取需要知识的不断积累作为承诺。

"奇想—严谨"范式

你知道吗，人可以触碰到看不见的东西，调香师就是在做这样的事情。作为纽约 IFF（美国国际香料香精公司）的调香师，席琳·巴雷尔负责生产高级香精，她致力于创造"嗅觉的视觉"。在参观 IFF 时，我注意到，席琳和她的同事们描述不同香水的差异时，经常会用到一些可视化的表达，例如，"这款香水闻起来很湿。""这款香水像是一种黏黏的、很甜的糖果。"

当席琳在商学院学习时，来自银行业的朋友很欣赏她可以将工商管理学的专业知识应用到在他们看来似乎无形的香水上。席琳知道，实际上自己正在发展一种超能力：让一个并不在场的"人"现身的能力。香水就是这么来的。和我一样，她在使用一种整合的方式发挥她的创造力，开发出全新的创造性的产品。

对于席琳来说，奇想和严谨是创造香精的核心。它始于愿景、梦想和探索，也需要严格的实验，并坚持遵循准确的化学方程式。席琳在工作中一定经历了很多模棱两可，因为在香水研制的过程中充满了未知。从一朵花到实验室中调香，再到气味最终落在人的皮肤上并被吸收，这其中有太多的变数。尽管处在这种不确定中，席琳还是保持自信，通过严谨的工作实现嗅觉的视觉化。

正如席琳的故事所展现的，"奇想—严谨"范式包括以下两个重要原则。

没有奇想，严谨是不可持续的

美国各地的很多公司都宣称它们具有创新力，但它们却忽略了花一些时间来设计允许创新发生的流程、系统和空间。因为它们一开始就错了，总是沉醉于以商业价值和结果为导向的创新，而不重视能让员工富有创造力的流程。因此，它们会陷入程序、规则手册和会议中——这些都是严谨所需要的。但缺乏奇想，会导致组织内部被过度忙碌和疲劳所困。它们真正需要的，是为激发奇想而有意塑造的时空环境：允许员工们大胆提问；允许员工们拥有令人称奇的工作体验；提供机会让员工们输出各种想法。

奇想存在于严谨之中

上文的推论是，单调乏味的严谨也可以孕育奇想。回想一下你给自己设置的例行任务：给花园除草，清洁楼梯的木制扶手，穿针线，缴纳税款，解决数学难题，或者准备会议议程。奇想常常出现在这些平平无奇的劳动中。一个新的想法突然从你的内在被激发出来，或者是，你突然能从略微不同的视角看待事物。这是因为，严谨要求你用心、深入地去观察和聆听，这同样是激发创造力所需要的。

保罗·扎克是神经经济学家、研究员、教授及企业家。2011 年的 TEDx 演讲让他进入大众视野，当时他向所有人介绍自己是"Dr Love"，并分享了他对催产素和信任激素的研究心得。我在一次演讲中认识了他，他的公司 Immersion Neuroscience 正在测量观众对他一整天演讲的情绪反应。在保罗看似非常严谨的研究中，奇想在其中的作用也不可小觑。

他向我解释：

> 在我们的世界中，我们对任何发现都一视同仁，不会厚此薄彼。因为环境中有很多"噪音"，因此，就需要奇想（或者说怀疑）迫使我们去仔细查看数据，再次进行实验。
>
> 很多年这样下来后，你会获得很多对事情的深刻理解。但是，没有严谨，你也无法真正地奇想。

吉姆·卡鲁索是一位会计师。作为 Simplura 健康集团的财务总监，他喜欢用精准的数字和资产负债表来讲故事：

> 我的工作几乎都是关于严谨的。会计是关于规则和严谨的事务，并购的尽职调查相当规范和严格。这里面有很多问题清单、问题列表和访谈列表。我认为自己是一个按流程办事的人，我喜欢过程本身。我感觉自己总是试图从混乱中理出秩序来。

我感到庆幸的是，吉姆并没有被数字所绑架，而不愿意去探索奇想—严谨的整合范式。后来，他成为我所开发的战略设计 MBA 专业课程的教师。在他的会计职业生涯中，有很多次他不得不将团队从细节中给拽出来，帮助他们看到更大的图景。他帮助其他人跳出来看问题、把清单放在一边并重新设计流程的能力，源于他的爱好。首先，吉姆喜欢阅读与行为经济学有关的内容，去理解我们做出经济决策的背后有关人的原因到底是什么。其次，他擅长巴西柔术，并把这项运动比喻为关于"人"的象棋。另外，吉姆还是一个龙卷风追逐者。这也说明了，为什么他愿意将迭代的设计思维融入会计课程中去进行试验。吉姆说他小时候一直沉迷于风暴。一开始，他会与追逐风暴的公司一起旅行。现在，吉姆追逐龙卷风已经不需要向导了。当我问他为什么追逐风暴时，奇想—严谨范式就活生生地展现出来：

> 龙卷风具有能量、力量，能带给我一种身体上的振奋感和直觉。另外，这个事情还有分析性的一面，它让我拥有模式认知，在不需要完全理解物理特性的情况下也可以根据经验法则去理解。

追逐龙卷风这件事让吉姆既体验到了奇想——极棒的经历，又体验到了严谨——源自大自然的完美计算，让这么多变量共同作用，从而生成一场风暴。

　　提出一个宏观的问题，并大胆地推翻各种答案的局限性，在这个过程中，奇想无处不在。它并没有受"我们一直是这么做的"或"我们在 15 年前就尝试过，但没有成功"这种思维的限制，奇思妙想可以引发发散性思维。与此同时，通常以"我们如何可以……"开头的典型的严谨性提问又会引发聚合性思维。在这两种思维之间切换是培养创新能力的关键。随着你逐步练习用提问、即兴和直觉来解决问题，你一定可以毫不费力地在奇想和严谨之间自如徜徉。

　　骑自行车、烤蛋糕、学习跳舞……这些都是需要不断地在奇想和严谨之间切换的生活案例。自行车的工程学本身需要严谨，正是轮辐和辐条的确切位置让世界变得如此不同。此外，我们都可以回想起学骑自行车所需的时间和精力。除了我的舞蹈课之外，学骑自行车是我七岁前做过的人生中最严谨的事情。沮丧、必要的重复，以及一次次从自行车上摔下来的挫败……非常单调，而且坦白讲，真的不好玩。还好最终我实现了跨越，第一次卸掉训练轮，坐在香蕉形座椅上沿着人行道飞奔下来，以一种全新的方式体验我的障碍在哪里——这就是所谓的奇想。

　　在 TEDx 演讲中，费城当代芭蕾舞公司 BalletX 的联合创始人克里斯汀·考克斯谈到，在芭蕾舞中，无论是身体运动技能（需要严谨），还是艺术技能（需要奇想），都需要通过舞蹈来讲故事。舞者就是系统设计师，与设计师和工程师类似，他们也是审美的学习者，需要不断地去探索和创造、生产和打磨，这样才可以去发现，不断近距离或远距离地看问题，获得新视角。他们把规则和大胆的想象融合，拥有最出色的表现。对于舞者或其他艺术家来说，仅仅精通技术和严谨的方法是远远不够的。为了打动受众，他们必须在工作中融入奇想。

严谨和奇想让创造力不再抽象

我之前不太敢把奇想—严谨模型（Wonder Rigor™）介绍给客户，担心他们会感觉：呜呼，太不聚焦了。但事实恰恰相反。我介绍奇想—严谨模型通常是在会议的结尾，当所有重要的内容都讨论完之后。这时，客户们的眼睛会突然亮起来，身体会挺直前倾，然后开始问我很多问题，关于他们如何能将模型应用到团队中。事实证明，从这个角度理解创造力，会让人更加投入并获得有目共睹的效果。

人们正在尝试寻找更加可持续的方式来实现创新，并使其成为组织文化的一部分。当我和他人分享在严谨和奇想之间切换，并使用我们所有人都触手可及的技巧——提问、即兴和直觉——这个观点时，它开启了很多新的可能性。正如范纳媒体的一个客户团队和我分享的："尽管节奏很快、工作也很严谨，但还是需要为创意的奇思妙想创造空间。如果我们能够在工作坊和一系列的即兴共创活动中更多地进行跨学科合作，就能够使我们的工作更优质、更高效。"

我们将在下一章探讨第一个技巧——提问，看看奇想—严谨模型如何引导我们提出更好的问题。

创造力练习

适合你的练习：

▶尝试漂浮。在世界各地的城市，你几乎都可以找到安全、正规的漂浮体验馆。在 90 分钟的漂浮环节，将自己沉浸在装有温水和大约 800 磅[1]海盐（接近死海的环境）的水箱中，漂浮起来。完全的黑暗和寂静环绕着你，你会变得更加放松，并逐步适应这个环境。这种感觉就像是一种情感上的调试。感

---

[1]　约 363 千克。——译者注

官上的剥夺，确实可以激发奇思妙想。

▶反复练习。例如，识别出你需要深度专注的爱好，并把它做到最好。对我来说，这一爱好是有条不紊地伸展我的身体。我每周至少参加一次伸展课，并且每周会有几天花 15 分钟来做伸展练习，我的舞蹈课因此变得简单多了！

适合组织的练习：

▶进行小型庆祝活动。不要等到假期的欢庆活动或夏季的烧烤活动才来庆祝。这种激励方式在构建奇想方面大有可为。

▶每周预留一个小时进行一次"严谨冲刺"，专注于解决特定问题。问题可以是围绕客户，或者是和公司的内部瓶颈有关，需要寻求解决方法。要允许人们到自己私密的空间里安静地工作，然后再回来报告。

第 3 章

提问：问一个更好的、出人意料的问题

为什么不去问更好的问题？

对提问缺乏兴趣，和我们的教育系统有关。这是我亲身经历了从幼儿园到十二年级的四个不同类型的学校之后得出的结论。我从一个崇尚自然导向的幼儿园过渡到费城的一所城市公立小学，公立小学的学习中有更多死记硬背的成分。在那里，我很擅长完成活页练习，并获得了很多墙上贴的金星星奖励。然而，这个学校在培育我的智力和奠定我的前途方面没发挥积极作用，令我的父母非常不满。因此，在我上四年级的时候，他们把我转到了位于郊区的一所公立学校，那里的教育更加严格，我学习了阅读、写作和算术的基础知识。但是，社交环境对我来说是充满挑战的，因为我是这个年级唯一一个黑人小孩。我和妹妹两个人的到来，使整个学校少数族裔的人数在一夜之间增加了一倍。

然后，从七年级到十二年级，我在一所贵格会的私立学校读书，那里的学习文化对我来说是全新的。我和一些同龄的伙伴挑战我们的老师，提出了比其他同学更好的问题，然后狡猾地乞求老师宽恕而不是准许，因此还获得了奖励。这种精英式的学习氛围最初对我来说是很难适应的，但我很快迎头赶上。通过学习如何定义出更好的问题，我有一种解放了的感觉。提问使我能够以新的方式探索我先前的范式以及其他领域。

　　之所以难以创建爱提问的文化，也有心理上的原因。给予反馈是极具挑战性的，它会对人们的身份造成威胁，往往使提问者显得不太合群。我们大多数人对于反馈和批判性问题都没有很积极、正面的体验。在《反馈：我们为什么害怕，如何修复它？》一书中，作者 M. 塔玛拉·钱德勒谈到，当我们大脑中的杏仁核被触发时，我们就会做出"反抗、逃离或冻结"的反应。[1] 这一边缘系统被认为是我们的"原始脑"，而前额皮层被认为是"理性脑"。当我们收到反馈时，大脑的边缘系统会把这个信息解读为威胁。一旦杏仁核被激活，评论就会触发交感神经系统和应激激素。神经递质的释放，使我们有了身体上的反应。我们本能地开始关注生存，要么对此反馈进行抨击，要么就置之不理。简单来说，我们很难再有客观看待反馈的态度了。我们觉得好像是身份受到了挑战。在"原始脑"的层面上，我们担心被驱逐出群体、被抛弃。可不是嘛，这种情况下谁不会有心跳加速、手掌出汗、瞳孔放大、呼吸短促的反应？

在一些案例中，那些大胆提问的人被忽略，甚至受到了惩罚。2019 年，波音公司经历了一系列 737 Max 飞机的不幸坠毁事故。这些 737 系列飞机于 2017 年进入商业市场，并配备了 MCAS 系统，可通过向下压机头来稳定飞机。问题是，许多飞行员并没有得到充分的关于操作该系统的培训，使用手册上也没有对 MCAS 系统的说明。问题就是从这里开始的，但它们没有经过彻底的审查。

还有一个问题。一篇来自《纽约时报》的报道称，工厂的很多工人都表达了对于波音梦想客机质检问题的担忧——这是在南卡罗来纳州的一家工厂生产的不同型号的波音飞机。工人们发现一些碎屑很靠近飞机引擎——这很危险。当工人们提出问题和疑虑时，被驳回的原因很大程度上是由于产品需要快速上市，完成生产任务。工厂的一位工人约翰·巴内特一直质疑伪劣的工作。作为吹哨人，他最终离开了波音公司。他断言："我还没有看到一架从查尔斯顿出来的飞机能让我以性命担保说是安全和适航的。"[2]

尽管企业常常会宣称要"拥抱问题"，但员工的感受通常不是这样的。人们往往将提问等同于无知。员工们不敢冒着遭受侮辱甚至因破坏现状而被开除的风险去提出问题。在这种状态下，自然很难孵化创新。

提问文化会受到许多因素的阻碍。首先，我们的网络搜索引擎近在咫尺，就如同衣服口袋一样触手可及。搜索算法的便利性使我们变得懒惰，不愿意深入探索。除非是类似于YouTube（优兔）上面"你可能还喜欢……"的提示链接，才会吸引我们不断点击下去。

其次，我们总是受时间所迫。我们的日子似乎就是由规定的完成期限构成的。我们对速度的回报远胜过对深度的回报。实际上，最好的方案是兼顾广度和深度地工作、思考和行动。这种多管齐下的方法随着我们能够更熟练地提出问题而变得更好。

最后，或许最重要的是如前文所谈到的，提问文化的建立需要更多地拥抱不确定性。这很难，因为我们的社会偏向理性。我们痴迷于本质上是定量的大数据，并且在明确的解决方案导向中感觉更舒服。我们的工作中充满了甘特图、议程和计划。而有关提问的混序、开放性的本质使人摸不着头脑。提出更好的问题使我们不得不放下寻找一个单一的、明确的解决方案的执念，学会爱上问题和过程本身。

提问，是从 why 到 how 的混序过程

妮可·皮特曼非常了解如何爱上提问。妮可是一位律师，青少年改革中心的创始人，以及美国领先的儿童性犯罪方面的辩护人和政策专家。她的职业生涯是以职业辩护人身份开始的，她目睹了许多法律对儿童而言并没有什么帮助，使她对国家政策改革的做法不抱希望。她对我说："我们的系统实际上是在伤口上撒盐，我们想要寻找疗愈的方法，但实际上经由这个系统对最脆弱的儿童施加了更多的暴力。"这个认知驱动妮可不断地思考："我们为什么要把儿童当罪犯来对待？"妮可不断将奇想和严谨融合，影响和改变系统。她跟我讲述了如下有关儿童辩护工作的过程：

> 大部分发现都来自我在全国各地对孩子们的街头采访，这些故事改变了我。我真的很想看看这些"坏孩子"是什么样的，但我真的没找到一个坏孩子。我意识到需要一些人参与进来：共和党人和民主党人，执法人员和被侵害对象。我建立了新的组织，不断提醒自己："他们只是孩子。"正是被登记在案的孩子们

帮助我把这些思考碎片连成一个整体，最终付诸
实践。

妮可的一切严格提问都为她的工作向上游转移做好了准
备。现在，她正在开发"路线图立法提案程序"，它将采用系
统设计的方法来改变我们对孩子们的看法。她受到西非的达加
拉部落的启发，该部落的理念是：在受孕时，父母会创作一首
歌曲，它将成为孩子的独特身份标志。在孩子偏离正道误入歧
途时，那首歌起的作用最大。从中可以得到的启发是：提醒孩
子不要忘记自己的独特身份，是对迷失的孩子最好的治疗方
法。尽管儿童性犯罪的问题非常复杂，但妮可还是不断地通过
奇想和提问，创造性地完成了这项工作。

我们通常认为，为了确保安全而不提问，能让我们停留在
具有确定性的安全港湾中。但实际上，我们最终会陷入肤浅的
局面："我们从来都是这么做的。"如果我们不擅长定义新的、
不同的问题来理解为什么竞争对手、比我们年轻的人或者来自
完全不同文化的人会以某种方式做事，那么我们将处于不利
地位。

知道如何定义问题和提出问题是一门学问。要去定义一个
问题，你只有专注探索并且考虑周全，才能最大限度地获得对

人或事的洞察。内衣电商公司 ThirdLove 的联合创始人海迪·扎克跟我分享了她所推崇的向团队提问的方法。她想激发团队成员的创造力思考，而不是在压力和胁迫下进行封闭式对话。

> 我们墙上写的价值观都是对现状的挑战。公司建立的基础就是抗拒常规……如果我不提问，就只能困顿于自己的封闭世界里，无法去联结他人。听团队成员演讲时，我会提出很多问题。我发现，问太多"为什么"的问题有时会显得过于尖锐，问"如何做"和"是什么"的两类问题会显得更友好。例如，问"你是如何得出这个结论的?"，而不是问"你为什么会得出这个结论?"我允许人们以积极的方式讲述他们的思考过程，这样我可以收集更多信息。

在某种程度上，学习如何成为更好的提问者是不难的，难的部分在于弄清楚如何使提问在组织中变得常态化，从而成为组织文化的一部分。《绝佳提问》的作者沃伦·伯杰发现，一些我们公认的创新公司如谷歌、苹果、Zappos（美国卖鞋的B2C 网站）等，都很擅长用问题来引导。于是，他调研了提问驱动型领导力的有效性。他发现这些公司的高层往往是从问

"为什么"开始的，然后是"如果……会怎样"，再然后是"如何做"这样的问题。他们从发散的、大局观的、由奇想驱动的思维出发，并转向聚合的、严谨的、实用型的思维。

以提问为主导的公司可能首先会问："为什么我们没有在南半球销售任何产品？"或"为什么我们只从常春藤盟校招聘？"然后，它们会过渡到一些好的设想性问题上，例如"如果我们开始在巴西销售产品，会怎样？"或"如果我们从社区大学招聘员工，并寻找一些具有丰富工作经验的老年人，而不是从正规教育体制下培养出的年轻人，会怎样？"最后，他们可能会落在关于"如何做"的战术性问题上，例如"我们如何开始与巴西建立联系？"或"我们将如何与非传统的教育机构建立关系？"

提问的每个阶段都需要奇想——去探索和发现，以及严谨——确保标准。这通常需要领导者先树立榜样，去探索、刺激和挑战现状，比如 REC Philly（创作者资源库）和 Vectorworks 的负责人。

REC Philly 是一个协作网络平台，帮助艺术家们实现创作变现。它建立在近邻合作的原则之上。它的联合创始人威尔·汤姆和大卫·西尔弗，一开始专注于开展活动，在提出"艺术家如何就近接触到他们需要的资源"这个问题后，决定转变公司的业务发展方向。

这个问题激发了几位创始人的好奇心，并通过默契配合获得了创办新事业的深度自信。他们最终在北费城的一家旧门窗工厂里创办了 REC Philly 公司。

"我们提出了很多问题，有时候你的本能直觉比你的思维更聪明，这帮助我们专注于使命。"威尔说。（在第 5 章，我们将深入探讨直觉如何激发创造力。）

软件公司 Vectorworks 的首席执行官比普洛布·萨卡和我分享了他们的一个创新周活动。他的团队成员问："为什么我们不能像使用电视遥控器那样使用苹果手机？"然后，他们就开始研究如何通过智能手机控制他们的计算机应用程序。最终，这个解决方案也提供给了他们的客户。通过点子日志的方式，Vectorworks 确保问题可以从公司的各个角落和各个层面生发出来。每个人都知道并非所有的想法都会得到实施，但是至少所有想法都会被考虑。他们现在有一个公司内部的数据库，新的想法、问题和解决方案都可以随时被搜索访问。比普洛布也承认，尽管他们已经做到了以上这些，但是在组织中创建提问文化并非一朝一夕的事情：

我们花了大约五年时间。在这个过程中遭遇了很多困难，因为有些部门的人并不怎么沟通。因此，我们做了很多改变，才走到今天这个状态。现在，员工们都配有导师，管理者也掌握了信息来源。这真的很令人振奋！

信任是提问的基础

我来自费城，我们的 NBA 球队"76 人队"把"信任过程"当作他们球队品牌的代名词。承认有些事情你还不知道，需要谦卑、拥有自我意识和勇气，尤其是在这个时代。勇气的基石是信任。当你站出来，表明你有疑问，或者只是想让大脑去奇思妙想，试图从另一个角度去探索一个想法时，你所处的环境都必须为信任做好准备。每次当你举起手，都说明你相信，有一种让你感觉安全的氛围形成了。相反，倡导通过提问来引领发展，让员工有勇气去分享他们对当下的思考，以及对未来的想象，是组织营造信任环境的一种方式。

当我们提问时，可能会显露出自己的无知。这种无知可能会受到批评和惩罚，而这种批评和惩罚可能会导致我们对团队失去认同感和联系，这是一种原始的恐惧。我们都本能地知道，即使是对三岁以下的小孩子，也可以施加最残酷的惩罚——远离并忽略他/她。我们从童年开始，就怀有对联结断裂的恐惧感。

加利福尼亚大学洛杉矶分校的副教授萨菲娅·诺布尔，也是《压迫算法：搜索引擎如何强化种族主义》一书的作者。她和我分享了一个能说明信任的价值的故事。在一个周日的早晨，她的母亲去世了。第二天，萨菲娅本来是被安排主持一个电话会议，当她打电话给老板并告知其这个令人悲伤的消息时，老板的反应非常冷漠。

> 我躺在妈妈的床上，心里满是悲伤，我记得当时我的老板说："这个营销计划是你写的，我们需要你出席电话会议。"我感受到了自己作为一名职员和一个女儿之间人性的割裂。
>
> 那一刻改变了我和工作的关系。我认识到，在我人性的一面被彻底泯灭的情况下，我也不可能有创造力。我的老板没有给我空间去发挥我人性的一面。

当萨菲娅把人性融入学术研究时，她不得不勇敢面对沦为异端的恐惧。一般来说，学术奖学金是对学术成果的评定。只有当学术成果足够客观时，学术奖学金的评定才被认为是严谨的。学术研究中对自我感知的任何提及都会被认为过于主观。然而，当萨菲娅转向内心，开始根据自己的身份和经历提出问题时，她作为思想领袖和泛学术领域专家脱颖而出。

> 我是最早使用黑人女权主义来研究互联网的学者之一。技术不是中立的，我必须相信自我反思是有效的，很多好的想法都源于我自己的经验，我意识到自己的见解和看法是有价值的。我很感恩我对自己的信任。

萨菲娅相信，这些问题源于她的自我反思和文化体验。在博士论文答辩的客观标准下，她能有这些尝试，真可谓勇气可嘉。如果组织能够像萨菲娅一样通过建立积极的文化来颠覆提问和批评的消极范式，那会怎样？

我相信一个人被非常人性化地对待和受到重视，对于提问文化的创建至关重要。人和人之间需要建立联结，基本的人的价值也需要得到认可。如果这种情况不是经常发生的话，就会削弱人们发挥创造力的能力，也会削弱人们提出宏伟问题的能力。就像萨菲娅所说："我们需要把钱存入环球商誉银行，因为有时候我们必须从那里贷款。"

"A+I"（Architecture Plus Information）公司的创始人达格·福尔格和战略总监彼得·克努森与客户合作的起点就是信任。他们公司的业务是空间和策略设计。当谈到他们的工作流程时，他们从信任的原则开始介绍。

创意过程的关键是懂得缩放，即放大视角和聚焦视角。做我们这行的，有人可能一上来就问客户："你想要什么样的办公空间？"但我们通常不这样问，而是会问客户："你在工作中感觉如何？你喜欢和谁谈话？你在什么时候最有动力、效率最高？"花时间建立信任感——理解并重新阐释他们想要实现的目标，是关键所在。

"A+I"公司的管理者们在花时间提问并构建信任感的过程中，往往会遇到不寻常的角色，而这些角色是设计中的主要角色：

许多创造性的决策发生在会计部门。会计师实际上是在把项目交付给建筑师之前就提前做好了项目设计。当他们创建电子表格时，就是在确定如何做好项

目的资金、时间、人员安排，这里面的次序安排就包
含很多种设计。设计电子表格实际上也是创意过程的
一部分。

他们通过提问拓宽创造力的主体，使创新的过程更加民主化。

桥水基金（Bridgewater Associates）的例子则有所不同，
它体现了信任的原则如何在组织内部体现。桥水基金是一家美
国对冲基金公司，管理的资产规模超过 1 300 亿美元。在他们
的办公室，所有对话都会被记录。是的，没错，全部被记录下
来，哪怕关上办公室的门也无处隐藏，这样做的好处是你可以
和同事分享在会议上没有说出来的你的真实想法。桥水基金的
创始人兼总裁雷·达里奥宁愿选择将所有信息公开记录，以确
保完完全全的信息透明。他认为这种透明度可以让人们更愿意
说出和问出事实的真相。

达里奥的目标是建立"通过彻底的事实和根本上的透明度
来达成有意义的工作以及人与人之间的关系"这样一种组织文
化。他坚持认为，这种完全的透明度是充满办公室政治的平庸
公司和像上了油的机器一样高速运转的公司之间的差别。他希
望周围的人可以跟他公开探讨不同意见，因为这可以帮助他看
到自己的认知盲区。

然而这种文化并不适合所有人。桥水基金公司的新员工中，大约有 30％的人会工作不满 18 个月就离职，但达里奥认为这是一件好事。这种激烈的磨合会使公司更接近于真实可信的文化，人们会彼此表达真实的想法。尽管一些人会认为这样的氛围令人毛骨悚然，但创建一个避免背后羞辱的环境，对于深入提问至关重要。

在 2014 年《时代》杂志举办的交易记录会上，达里奥在接受《纽约时报》记者安德鲁·罗斯·索尔金的采访时问道："你很想知道人们真正在想什么，难道不是吗？然而我们大多数的组织并不知道员工的真实想法，你不觉得很奇怪吗？"[3] 认为清晰洞察别人的想法和他们提出的问题会让自己更有能力的观点的确是备受争议的，他的最终目标是"去弄清楚事实的真相"。达里奥提出的"大问题"是："为什么我们不可以有礼貌地、深思熟虑地表达不同意见呢？"他坚持认为在我们质疑他人的时候，如果缺乏批判性和深思熟虑的讨论，或者没有以尊重的态度表达不同意见，都是不道德的。

当听到这段采访时，我的情绪和身体都开始有所反应。情绪上，当我想象自己在这样的环境里工作时，不免有一些紧张。第一次听说这种组织文化时，我会觉得有点"奥威尔式"。

身体上，我的肩膀逐渐变得僵硬，我开始耸起肩膀。

面对不断的质疑和完全透明的组织环境，我的反应不足为奇。这与我们大脑的设计方式有关。我的前额叶皮层或"理智脑"在说："是的，我当然想清楚地了解其他人的想法。"但与此同时，我的原始脑或边缘脑则会进入防御模式："我会受到伤害吗？如果他们不喜欢我说的，我会被拒之门外吗？"

因此，我们处在一种自我矛盾的拉扯状态中：一方面想知道其他人的意见，想要透明；另一方面又要捍卫自己，避免因开放而遭到拒绝。但是，正如达里奥提醒我们的那样，这些反应只是习惯，我们还可以养成新的习惯，接受质疑、曝光和透明度。在桥水基金公司，大概需要一年半的时间让新员工习惯和适应其完全透明的文化，养成新的习惯：把被记录看作一种更强大的尊重和提升效率的手段。

桥水基金公司记录的对话内容取得了一些实质性成果。首先是没有编造，无论是针对信息还是针对个人。其次，每个人都有关于自己行为的数据，这意味着员工们会更加清楚地知道，自己在哪些方面做得好，哪些方面做得不好。例如，达里奥意识到他不擅长处理细节，非常健忘。最后，因为公司鼓励人们诚实地对待好事和劣迹，一些图谋不轨的业务往来就没了容身之地。达里奥说,这样做的结果是,在桥水基金公司已经成立的 40 多年里,他们只有三起诉讼案件。[4]

在杰里米·海曼斯和亨利·蒂姆斯所著的《超级参与者:热点秒移时代赢得持续引爆的新势力》一书中,桥水基金公司是一个活生生的现实版原型。正如作者在书中所述,那些拥有"旧势力"价值观的组织充满了官僚主义、谨小慎微、过度细分,以及私人和公共领域的分离。而像桥水基金公司这样展现"新势力"价值观的组织则具有非正式性、开源协作、自组织和完全透明的特点。你必须承认的是,对于因未知而带来的不同意见,完全透明是一种新的能有效解决分歧的办法。

在组织内让提问常态化

一个组织如何让提问文化变得可持续,是件很系统的事情。它始于领导力,但还需要每个人去思考机会在哪里,以培育好奇心。在伊恩·莱斯利的书《好奇心:保持对未知世界永不停息的热情》中,他阐释了好奇心是信息不对称的结果。好奇心往往是在你对某件事了解不多的情况下产生的。他写道:"为了让人们感到好奇,想要去减少信息的不对称,你必须首先让他们意识到自己在这个领域中的知识局限。"[5] 相比建立一个思想、种族、年龄、性别和阶层各不相同的多样化环境，还有什么更好的方式来驱动人们意识到信息的不对称呢？

教育领域的一家非营利组织 L＋D 公司（Leadership＋Design）试图在面试过程中仔细分辨应聘者之间的创造力差异。例如，他们要求应聘者选择一张能够说明自己是谁的物品图片，然后解释一下为什么选择这个物品。当我们与不同的人共事时，就好比是拿着巨大的放大镜在反观自己。我们的固有思维、特殊性和偏见都会被刻意地放大。这是一件好事。只有发现了自己所不知道的东西，才可以偏离"正轨"，去问一些不同寻常的、更好的问题。

跟与自己想法类似的人一起工作，心理上会感觉更安全、更舒适，因为能避免很多摩擦与冲突。我们的固有思维是，最好避免与人发生冲突。这样做确实会让过程更顺利，但结果不一定是最理想的。

杰里·赫希伯格担任日产全球设计公司总裁时，颠覆了摩擦的范式：他强调需要多样化的团队从各种不同的视角提出意见，坚持要求发行、市场营销、制造和财务部门的同事加入设计师团队共同解决问题。他认为，摩擦会产生能量，那为什么不将摩擦所产生的能量变成某种积极的东西呢？他把这种混乱称作"创意磨损"的结果。

当我们的团队由不同专业背景和思维方式的人组合而成时,想法的多样性自然会激发我们提出更多有趣的问题。我永远不会想问其他人可能也会提出的那些问题。这是一种非常重要的认知。**输入越多样化,输出就会越具有创造力。**

我们还可以设计触发点、例行程序和奖励机制,让提问变成一种常态,这也是联邦快递公司的塔梅拉·马瑞斯·卡瓦的做法。塔梅拉是田纳西州联邦快递公司全球学习与发展部的董事总经理,她所运用的触发点是在表达问题时不断地问:"为什么不呢?"以及"如果……是否可以?"例如 2018 年她提出的一个问题。

塔梅拉意识到联邦快递公司只有 2.6％的员工利用了公司的学费补贴计划。通过问"为什么不呢",她发现了各种各样阻碍该计划推进的因素。例如,在报销前需要自掏腰包垫付学费。又如,必修课的成绩较低会使参与者几乎得不到学费补贴。然而,塔梅拉及其团队可以将这些障碍逐个击破。

> 我会听到管理者这样的评论:"我希望他们能在自己身上投资。"但是对于身处其中的员工来说,他们实际上已经这样做了。

另一个障碍是关于资源获取：合作的大学必须把它们的课程变为线上课。

这些员工可能晚上也在工作，可能和家人共用一辆汽车，可能要照顾自己的孩子以及父母，所以无论我们与大学合作开发什么课程，都必须保证学员可以自己控制学习进度。

最后一个大的障碍是，多数大学都要求学员在申请入学时参加标准化测试。但这对于一个 40 多岁、只有高中学历、有多年工作经验但几十年没有做过任何测试题的人来说，是不现实的。

我们不希望员工不得不通过参加标准化的测试来证明他们可以达到大学水平。这是学术界已经存在的系统性障碍。所以，我们想出了另一种方法，来证明他们确实能投入其中并且勇气可嘉。孟菲斯大学（我们的合作伙伴）提出了预科课程项目：一共设置 12 个学分，是基于学员的掌握程度而非学习成绩来设计的，学员可以不断学习，直到完成预科课程项目。

在撰写本书时，该预科课程项目已经实施了一年，联邦快递公司 15％的员工用上了学费补贴计划，比之前增加了大约12 个百分点。通过定义新的问题，联邦快递公司以及孟菲斯大学实现了改变员工生活的深度创新。

提问能够引发新发现

提问需要我们更积极地观察和聆听，从而定义出更好的问题。从"为什么"，到"如果……会怎样"，再到"如何去做"，这个思考过程确保了我们对工作、同事和客户的充分投入。对于组织而言，这可以确保人们不会掉入"自己处于领先地位"以及"组织庞大，不可能轰然倒下"的陷阱，促使人们永远不满足于现状。

但是，提问通常只是第一步。更多的发现来自深入、严谨的调研，以此确定未来在哪里，以及自己可能忽略了什么。对于探索的结果和新的发现，我们要学会适应和感到自信。我们必须学习如何在没有脚本、仅有最小框架的情况下工作。这也是即兴的精髓，我们会在接下来的第 4 章具体分析。

创造力练习

适合你的练习：

▶访谈一位同事。花时间设计至少 20 个问题，然后从这些问题中优先选择 5 个。你对于这位同事有什么新的发现？他或她的专业发展历程是怎样的？你又从中学到了哪些可以运用到自己的工作和生活中的东西？

适合组织的练习：

▶从你的员工那里广泛搜集问题，创建一个关于工作流程、你所在的行业、你的竞争对手的问题列表。可以在一面空白墙上用便签纸和马克笔来简单记录，当然也可以用 excel 表格详细记录。请记住，提问是一种思考问题的方式。搜集的问题可以是匿名的，也可以像桥水基金公司那样做到完全透明。

第4章

即兴：利用有组织的混序

未来的工作就像演奏爵士乐

我与爵士乐的关系深深地渗透到我的生活中。它是我童年的一部分，因为我的父亲是一名充满激情的爵士乐爱好者。20世纪 60 年代早期，他在美国空军服役期间学会了如何演奏立式贝斯，那时他刚从高中毕业。尽管当时他收藏的蓝调爵士乐专辑已经过时了，但他会仔细研究唱片封套上的内容简介。他是那种可以在美国著名爵士乐手亚特·布雷基的唱片音乐刚响起前八拍就能回想起是谁在吹小号、谁在弹钢琴的人。我对此感到惊叹不已。

我不是立即爱上爵士乐的。起初，它只是我安慰父亲和陪伴他的一种方式。父亲喜欢带我和妹妹去参加夏季户外音乐会。这些音乐会通常结束得都很晚，过了我们的睡觉时间。直到几年后，音乐才开始从我的耳朵进入我的内心。它成了我与父亲之间的情感联结，以及我本人与非裔美国人文化的联结。

1960 年，具有标志性的爵士歌手艾拉·费兹杰拉和她的四人乐队组合（钢琴家保罗·史密斯，吉他手吉姆·霍尔，贝斯手威尔弗雷德·米德尔布鲁克，鼓手古斯·约翰逊）在欧洲巡回演出，大受欢迎。在德国柏林体育馆的现场表演中，她演唱了《小麦飞刀》这首歌。但在歌曲的第二个小节，她突然留出一个空拍。是这位伟大的歌唱家卡壳了吗？当然不是，是她在以自谦和令人愉悦的方式即兴创作。你能听出她在费力编歌词的过程中的自嘲，以及在与乐队的即兴交流中用一些衬词唱出各种复杂多变的节奏。在整个过程中，她的乐队都在全力支持她。那次的演唱录像让她在 1961 年荣获格莱美最佳女歌手演唱奖。1999 年，它又被收录至格莱美奖名人堂。

爵士萨克斯演奏者查理·帕克说："你先得学习乐器，然后需要练习、练习、再练习。当你终于站上舞台时，忘记所有这一切，只是尽情去演绎。"这对我来说，就是即兴中最重要的一部分，也是爵士乐的精髓。

爵士乐是复杂系统的典范，它的特点是自适应、自组织和自迭代的。在这个日益复杂的世界，未来的工作要求我们运用爵士乐手混序、即兴的创造方法。

信用卡公司 VISA 的创始人兼首席执行官迪伊·霍克首

创了"混序"① 这个概念，用这个词来描述在复杂的系统中混乱和秩序并存的状态。是的，你钱包中的 VISA 信用卡也是拥抱有序的混乱这个历史中的一部分。当霍克负责构建 VISA——一个虚拟货币的全球性交易平台时，他很快意识到：要想构建如此复杂的规模庞大的系统，就需要摒弃典型的组织结构。他观察到自然界中满是在混乱和秩序中繁衍生息的系统。请记住，混乱不是无政府的一团糟的状态，而是指不在计划中的随机性；秩序不是控制，而是一种结构。"奇想和严谨"与混序系统中的"混沌和秩序"刚好是意思相近的（见图 4-1）。

爵士乐在混序系统里标志性的混乱和秩序上都有突出表现。爵士音乐家必须懂音乐理论，掌握和弦技巧，并且能创作歌曲（这首歌曲至少要有开头、中间部分和结尾）。这些是秩序的构成部分。而混乱是发生在间隙中的奇妙做法，是演奏者之间随机的彼此回应、自组织，灵活适应音调和节奏的变化。乐队的主导者往往和谐地融入四重奏或六重奏中，以至于你很

---

① "混序"的英文是 Chaord，中文意思是"和弦"。这个英文单词是由混沌（Chaos）和有序（Order）合并创造出的，表示"混沌且有序"，简称"混序"。——译者注

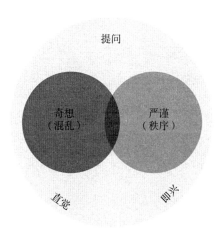

图 4－1　在奇想和严谨之间切换（利用混序系统）来解决问题

难分清谁在主导、谁在跟随。甚至不同的演奏者轮流支持彼此并成为主导。如果我们在组织中更多地以这种方式工作，会怎样呢？

　　身为音乐教授、同时也是爵士乐手的弗兰克·巴雷特在《对混乱说"是"：从爵士乐学到的令人惊叹的领导力》一书中，用很大的篇幅阐述了组织可以从爵士乐中学到什么[1]。其中最有帮助的是他提出的七个原则：

　　（1）激发能力。

　　（2）拥抱错误。

　　（3）用最小的结构，使灵活性最大化。

（4）分配任务。

（5）借鉴过往的经验。

（6）看重神游。

（7）在跟随和主导之间来回切换。

如果可以把上面哪怕任意两个原则融入你的日常工作，想象一下你会成为多棒的"游戏"改变者吧！举个例子，如果时不时地邀请初级职位的同事或公司的新员工来主持会议，那么会议将是怎样一番景象？如果你的工作场所允许你随意溜达，会发生什么呢？如果管理者能够把错误视为创意的启发器，又会发生什么呢？

我每天的工作是没办法依照脚本演绎的，相信你也一样。如果不得不将典型的一天可视化，那么它很可能不是一系列线性的方框和箭头，更有可能是一堆乱七八糟的涂鸦线，从不同的方向出发，在这里和那里交织。然后第二天，你会重新开始，生活的模糊性和不确定性并没有减少。

设计即兴组织

生活节奏的加快以及变化速度的加快需要我们做好两件事：一件是，设置更多的停顿和休息，以应对变化中的忙乱；

另一件是，让自己熟悉和适应即兴的环境，这使我们不仅能够顺利渡过，还可以很好地利用这种不确定性。在发现的边缘，奇想以它耐人寻味的停顿开启了一片真空区域，以上两件事就是关于如何填补这片真空区域的密钥。

迪伊·霍克的著作《混序：维萨与组织的未来形态》，一半像是回忆录，一半是对混序系统的阐释[2]。在这本书中，霍克详细介绍了他在早期将 VISA 设计为一个混序组织的理论依据和过程。现在已经有了一套完整的学术研究，被称为混沌系统思维（chaordic systems thinking，CST）。这些学者在弗兰斯·范·埃纳特和其他 CST 实践者的带领下，偶尔会召开会议，发布有关 CST 如何帮助组织转型并成为学习型组织的论文。CST 是解决和应对复杂性的一种方法。

我们从 CST 中学到的是，组织中秩序并然有助于建立目标和指导原则。但过多的条条框框会让人陷入一种"许可证"文化，让人感到压抑甚至是窒息。员工会觉得，他们没有参与到决策中。组织其实需要的是最小的或易变的框架结构，允许混乱和随机彼此联结。当混乱和秩序同时存在时，一种非常关键的流动性就出现了，就像丽思卡尔顿酒店一样。

在丽思卡尔顿这样的跨国公司中，流程和程序的设计需要允许自适应行为的发生，这对于它来说非常重要。以群体会议的即兴结构为例。所谓群体会议，是指世界各地的每个丽思卡尔顿酒店的每个部门每天都会召开的会议。在会议上，团队会复盘前一天的工作，思考新的一天需要哪些变化。这种简短的会议结构能使员工去反思、倾听和相互学习。他们还会分享并剖析，"混乱"其实就是工作中的一部分，可以用"MR. BIVs"来概括，即错误（mistakes）、修订（revisions）、故障（break-downs）、效率低下（inefficiencies）和变化（variations）。通过公开陈述和承认任何工作中的错误，员工可以锻炼自己的适应能力、学习能力和成长能力。当然，做到这些显然并非易事。对于进展不太理想的事情，人们都习惯推卸责任。但是，在奇想和严谨间来回切换的工作习惯，可以帮助他们将日常工作中的混乱有序化。

协作不是说通过开很多会议就能达成的。真正的协作和创造性的协同，来源于我们彼此之间即兴互动的能力。餐饮行业就是一个很好的例子。梅利莎是在洛杉矶很受欢迎的"共和餐厅"的运营总监。她就是通过运用奇想和严谨的方法来管理餐厅的晚班轮换，使混乱变得有序的。

首先，她在班前会议上主持的仪式给她的员工提供了清晰的结构性指引，他们需要预见客人的需求并做到整晚适应。她从热情地大声打招呼开始，"欢迎来体验!"这句话强调了一个事实，即客人来这里用餐是一种体验，而不仅仅是吃东西。团队成员会先熟悉当晚来的 VIP 客人名单，然后由厨师查看菜单。如果有任何鸡尾酒和啤酒上新，团队成员都会参与讨论，并且每个人都会亲自品尝。以上是严谨的部分，除此之外还融入了一些奇想的部分：

> 在所有严肃、有组织的事情完成后，我们会玩团建游戏。例如，如果你可以成为任何动物，你想成为哪种? 为什么? 如果你可以在任何国家/地区居住，你会选择哪里? 为什么?
>
> 当一个实习生（新人）参与到团建中时，会被问到很多疯狂的问题，例如："你宁愿被冷冻起来活着，还是被烧死?"有些时候也会被问道："你为什么想与我们一起工作? 是我们的哪些方面让你想留在这里?"事实证明，这些游戏对员工来说是有效的。它们能够说明，我们的人性和价值观是大致相通的。

"共和餐厅"的员工们每晚都会参加的会议议程，可以让他们为即兴做好准备。这里面有三点值得借鉴的经验教训，分别是超越现实去奇想、重视非主流、设计可变的结构。

（1）超越现实去奇想。在即兴中，基本规则之一是"是的，并且……"这个句式，它表示同意，并在此基础上构建新的想法。使用这个句式可以避免"是的，但是……"甚至更糟糕的直接说"不"这种说话方式对于动力的打击和削弱。为了能更好地在他人刚提供给你的想法的基础上进行构建，你需要投入深度的、有意识的倾听。这是一种无私和慷慨的行为，你要全神贯注地关注别人，然后扩展他们的想法，而不是为了专注于自己的想法而等他们闭嘴。试想一下，如果这个原则在我们的工作环境中被积极地应用起来，我们交换想法的行为也会变得更有活力，奇想也会增值，因为我们是在彼此的想法上进行投资。

（2）重视非主流。重视终端客户或基层员工的观点可以为你带来新的发现，同时也能赋予人们权力。它在组织中可以表现为新生成的领导力，以及根据顾客当前的需求即兴创造出新的工作方式。在爵士乐中，重视非主流表现为音乐家轮流跨步向前进行独奏，然后向后退以支持下一位独奏者。这就是爵士乐手弗兰克·巴雷特所说的"独奏和支持"。

（3）设计可变的结构。艾拉·弗兹杰拉能够在基本的歌曲结构中自如地即兴发挥的能力可谓爵士音乐家最伟大的天赋之一。事实上，这些曲子一开始并没有刻板的提纲，这意味着她和她的音乐伙伴们可以在创作过程中更好地适应并做出调整。在经典的管弦乐中，这种情况就不是很常见。无需剧本即可工作的能力是很重要的技能组合，但是如何将即兴扩展应用到所有组织？这需要将规则嵌入一个可变的结构中，允许员工在当下去调整解决问题的办法。

生活和工作是混序的

约翰·哈克是我们的家庭水管工。他自 15 岁起刚开始帮他的父亲打理农场的时候，就一直在练习这门手艺。当我问他创造力体现在这项工作的哪些方面时，他毫不犹豫地回答："我每天都在即兴创造，我要看到墙后面是什么，我所运用的全部工具就是我的手电筒。"他以诗意的方式表达了自己的想象力。约翰本质上就是一名系统设计师。他的工作需要他与建筑师、电工和木匠协作，他必须不断地预见他们的需求。

其实，我们所有人都有远见和灵活性，像约翰那样去即兴创作。他的例子表明，即兴创作的能力需要经过多年的实践和拥有经历才能获得。想要做出一些新的东西，需要你敏锐地了解过去和当下是怎样的。创造力始于敏锐地观察身边的人，这些观察的结果会引发新的问题：为什么他们会以这种方式操作呢？他们是怎样把问题解决的？是团队中的谁帮助他们以这种方式操作的？解决问题的过程是怎样的？创造力还需要对眼前缺少什么有一些觉察，找出错误、多余和不足之处，然后努力改进。创造全新的事物始于对现状的不满。"处于领先地位的优越感"以及"组织庞大，不可能轰然倒下"的态度会让你陷入极大的劣势。**新兴企业和初创企业的紧迫感是它们生存的灵丹妙药。能感觉到竞争对手在轻咬自己的脚后跟，反而会让它们变得安全。**

全球办公家具品牌 Steelcase 的一篇名为《新工作，新规则》的报告指出："蓬勃发展的公司已经学会了团队合作，并且有公司文化作为支撑，这是创新、创造发生的唯一途径。事实证明，团队中有一个我（I）存在，因为团队是由个体组成的。"[3]

团队在即兴中不断得到发展。深入且积极倾听的能力，以及基于彼此间的信任非正式地讨论想法，还有迭代和构建以前没有的东西，这些都是伴随即兴而来的副产品。即兴需要我们与他人甚至有时和自己一起"演奏"，来感知解决问题的路径。我认为，即兴对于直觉思考来说也是一种方法，那是一种能帮助你做出决定的个人的、内在的"演奏"。在下一章中，再让我们更深入地研究关于直觉的奇想与严谨。

创造力练习

适合你的练习：

▶一种循序渐进的练习即兴的方式是"安静风暴"：这是个人化的头脑风暴，以安静的方式进行。设置一个 90 秒钟的计时，并给自己一个提示，例如"我能用咖啡纸杯做出什么东西呢？"不要评论自己，允许快速的意识流产生，最好能回到你八岁时的天真心态。定期进行安静风暴练习，如果你想更进一步，就可以尝试参加即兴课程。许多当地的戏剧公司和喜剧俱乐部都提供这类课程。

适合组织的练习：

▶弗兰克·巴雷特提出，我们可以从爵士乐中学到七个原则。让团队中的每个人都致力于将其中的至少两条融入工作项目中。让大家分享事情的进展，以及他们是否经历了任何变化，然后展开团队讨论，看是否需要整合新的工作方法并推广开来。最后，让这一做法成为常态。

- -

第 5 章

直觉：先有勇气，再谈精通

直觉的来龙去脉

在我 19 岁那年，还在读大学二年级的时候，就享有了跟随直觉来做决定的"天赋"。那时我刚刚哭着给家里打了电话，是关于一个特别小的问题："我不知道该报什么专业。"

我父母为我们的教育付出了很多，而我也不想让他们失望。在经历了非常棒且价格不菲的教育之后，我希望最终能找到一份"好工作"，但是我不知道它应该是什么样的工作。我的父母问："好吧，你不知道报什么专业，具体是什么意思呢？"

我说："哦，我的经济学差点儿不及格，而政治学对我来说很无聊，社会学只会迫使人去做统计！"他们回答说："嗯，那你对什么学科感兴趣呢？"可能会让他们有点失望，我开始描述自己对已经参与其中的人类学和包含多学科的非洲研究课程的极大兴趣。他们听后告诉我："这就是你应该选择的专业，去学习你所热爱的，机会就会来找你。"父母给了我一份非常珍贵的礼物，允许我去做自己喜欢的事，然后相信机会自然会来找我。每当我的人生步入面临选择的十字路口时，我就会听从这一忠告，追随我的内心和直觉来做决定。

我现在才明白，追随直觉行事并不仅仅是父母赋予我的奢侈品，它实际上是生存的主要战略工具。因为直觉使我们适应周围的环境，并实时归纳总结出我们应该怎么做。当事情变得十分微妙、难以捉摸的时候，它让我们可以去调节和适应，并注意到一些正在生成的信号，做出新的决定。

《直觉的艺术》一书的作者苏菲·博涵将直觉定义为"微妙并无觉察地知道".[1] 在线词典（Dictionary.com）将直觉定义为"无须有意识地推理就能立刻理解事物的能力"。我倾向于认为直觉是存在于头脑中的感觉（大脑的感觉），它提供了一种很好的让左右脑和谐共处的动态。

在这个充满数据、信息以及手机提示音的世界里，我们如何去感应我们的直觉？毕竟，直觉需要空间和宁静才能清晰地觉察到。直觉也是模式识别的一种形式，我们越多地练习和关注它，它就会变得越强大、越清晰、越灵活。相反，如果经常忽略直觉传达给我们的信息，大脑的感觉就会变得越迟钝、越微弱。

威廉·杜根在他 2007 年写的一本书《战略直觉》中，强调了三种直觉：普通的、专家型的和战略性的。[2] 所谓普通直觉，就是人本能的内心深处的感受。例如，你有一种强烈的感觉，关于你不该走哪条路，或者你应该约见谁。专家型的直觉是日积月累磨练技艺的结果，它可以让你确切地知道如何前进，甚至无须看到拐角处有什么。NBA 巨星勒布朗·詹姆斯就是一个拥有专家型直觉的人。战略性直觉是缓慢而清晰的，它所带来的一切都是全新的。在当下模糊、不确定的工作环境中，战略性直觉无疑是最重要的。

自第一次工业革命以来，西方社会的发展轨迹一直将理性、物质、机器置于内心世界、直觉和情感之上。但是，在复杂的、充满不确定性的、数据和线索有限或者过多的情况下，激发直觉和激发智力一样至关重要。当你无从知晓或无法理解周围发生的事情时，整合你的心智就是改变局面的契机。

正如爱因斯坦所说："直觉思维是神圣的礼物，理性思维是忠实的仆人。我们创造了一个尊重仆人而忘记礼物的社会。"

将直觉作为决策工具

总体而言，我所采访的领导者们都将他们采取果断行动的能力归功于他们的直觉。跨界设计与科技领域的大师前田·约翰告诉我："直觉是潜意识的智慧，当要做商业决策的时候，我会把直觉和数据结合起来。"

软件公司 Vectorworks 的 CEO 比帕拉·萨卡回应了约翰的话："直觉是让我异于常人的主要原因。我觉得，直觉在决策过程中非常重要，特别是当你所处的环境正在发生变化的时候。在工程领域，最重要的事情就是及时做出决策。你必须做决定，担当起来，从中学习，然后继续前进。"对直觉的适应有助于比帕拉掌控自己的决定。

在商业中，面对数据和逻辑，人们通常需要勇气来捍卫自己的直觉。决定听从你的内心是勇敢的，而且这条路常常是孤独的。但有趣的是，当涉及机器直觉时，我们却是拥抱的态度。科学家花费大量时间来建构机器的直觉能力，但我们却忽略了自己已有的直觉优势和直觉能力。

我们可以把直觉领导力看成三个同心圆，如图 5-1 所示。奇想位于核心，因为我们需要静下来仔细观察，听到自己内心微弱的声音。中间的圆圈是洞察力——寻求根据直觉行事的力量，并说出来。当我们深入找到数据来支持我们的直觉时，严谨通常在这里发挥作用。最外圈是指聆听并依据直觉采取行动。这就是直觉能够成为领导力工具包中一个极其重要的工具的意义。正如"平衡高管生活"这一平台的创始人凯利·布莱克所说："理性的头脑会是一种自我限制，我们需要将直觉领导力这件事变得常态化。直觉对于领导力至关重要，因为它可以帮助你看到更为广阔的领域。"

图 5 - 1　直觉领导力

的确，直觉可以帮助我们全身心投入，创造性、战略性地进行领导。

直觉其实是一种数据

如果我们开始承认直觉其实是一种数据，那会怎样？Fitler 俱乐部的设计师阿曼达·波特将直觉定义为"对于超出可量化范围的记忆的运用"。马特·范德·兰是一家名为MonoSol 的水溶性包装薄膜制造商的企业宣传负责人，她解释说："直觉是从经验库中提取的，你一定是在这里面寻找模式

去打破现有的模式。"正如我在上一章提到的，直觉也有点像
是你在即兴发挥。至少，尊巴的联合创始人贝托·佩雷兹和阿
尔伯托·帕尔曼是这样做的。

　　想象一个场景：伴随着萨尔萨舞曲、雷击顿音乐、浩室音
乐，人们旋转着身体、移动着脚步。想象这一切发生在白宫的
草坪上，由曾经的第一夫人米歇尔·奥巴马所带领；或者是发
生在南极洲的零下地带；又或者是发生在我们最衰落的城市社
区中心的住房项目上；再或者是发生在日落时的夏威夷海滩
上。这种现象就是尊巴这个舞蹈练习平台所带来的，它已经将
数千个舞蹈教练转变为创业者，并改变了数以百万计的人们的
生活。这个平台最初就源于联合创始人贝托·佩雷兹和阿尔伯
托·帕尔曼的直觉。

　　直觉是尊巴舞蹈动作所固有的，也是它起源故事的一部
分。早在 20 世纪 90 年代，贝托是一名编舞及舞蹈教练。有一
次他去上课时，忘记带舞蹈练习册了，于是他挑战自己，跟随
萨尔萨舞曲即兴创作了一套 20 分钟的舞蹈动作，这些步骤都
是非常直观且容易学习的。这套舞蹈动作曾经风靡一时。

　　2001 年，随着第三位合伙人阿尔伯托·阿吉翁的加入，他
们问了自己一个伟大的问题："如果我们拿手中最后的 14 000

美元为教练和学员提供机会在'尊巴'接受培训,并使大家保持联系,建立一个社群,那会怎样?"依据他们的直觉,他们在一封寻找尊巴教练的邮件中点击了"发送"。他们原本希望能收到200封回信,结果仅仅在一个小时内就收到了450封回信……

尊巴舞遵循两个原则:

(1)兴趣创造永恒的行为改变。

(2)舞蹈将人们聚集在一起。

创始人凭着直觉相信,人们会响应以下健身模型:舞蹈＋锻炼＋汗水＝微笑。考虑到在那个时候,舞蹈还只是在夜总会或音乐会舞台上才能接触到的,而健身房里充斥着的是哑铃掉在橡胶地板上的声音,而不是萨尔萨舞曲或浩室音乐。我们忘记了在尊巴舞出现之前,大汗淋漓的身体和微笑的脸庞其实是割裂开的,从未一起出现过。今天,我们之所以认为这种结合是理所当然的,还需要感谢尊巴舞。实际上,尊巴社群用一个有助于记忆的词语——FEJ,也就是"释放(freeing)、振奋人心(electrifying)的喜悦(joy)"的首字母缩略词——来描述每节课上参与者的直觉释放和自发性。

如今,世界上尊巴舞的教学点比麦当劳的餐厅都多。尊巴舞已经是价值数百万美元的生意，分布在全球 186 个国家和地区的超过 20 万个健身房，有 1 500 万人把它作为主要的运动形式。在 2006 年，尊巴舞平台转向以教练为中心的商业模式，收入猛增了 400 倍。

在商学院，虽然我们不教 MBA 的学生去练习倾听他们的直觉，然而每个成功的企业家都会提到它。企业家非常重视直觉，这在贝托·佩雷兹等初创企业领导人的故事中表现得很明显。当他们分享当时如何开始创业时，总会在某个时刻说出类似于以下这些话："有些东西在告诉我不要做那笔交易。""有些东西在告诉我选择和她而不是和他一起工作，即使她的出身不像他那样令人印象深刻。"这些"东西"就是直觉。

位于费城的蛋糕生活烘焙店的联合创始人莉莉·费舍尔和妮玛·埃特玛迪认为，直觉不仅让他们走到了一起，还让他们摆脱了紧张的商业交易，避免以令人不快的速度增长。富兰克林邓普顿投资公司高级副总裁本·巴特瑞谈到了在他的职业生涯中，如何结合他的直觉和经验在交易平台做决定。史蒂夫·乔布斯对直觉怀有敬意，他说："在我看来，直觉是非常强大的，甚至比智力更强大。这对我的工作影响很大。"[3]

所有那些成功的领导者身上都有什么共同点？他们将产生

直觉的瞬间作为数据点和内在警报进行评估。他们将无意识地识别模式的能力作为一种战略工具来使用。

直觉和棘手的问题

在美军 2001 年进入阿富汗时，他们发现那里地形复杂、让人捉摸不透，由此诞生了一个英文缩略词 VUCA［易变的（volatile）、不确定的（uncertain）、复杂的（complex）、模棱两可的（ambiguous）］，这个词首先是由位于宾夕法尼亚州卡莱尔的美国陆军战争学院创造的。此后不久，美国的公司也开始采用 VUCA 这个术语来描述动荡的市场环境，公司必须想办法在这样的环境中存活并走出来。我们必须学会适应这种模糊、不确定的环境，因为这是我们作为人类要面对的现实的一部分。

模糊和不确定性并不会自行消失。领导者们被要求对抽象的概念、事物和"未知的未知"（不知道自己不知道什么）更加适应。市场是不完美的、反复无常的且不可预测的，因为它是由不完美、反复无常且无法预测的人构成的。在一个充满变数的世界中，我们会面临许多棘手的问题，这些复杂的难题包括收入差距、全球性饮用水缺乏、恐怖主义等。对于这些挑战，我们并没有确定的、直接的答案。这些棘手且模棱两可的问题，要求我们像系统设计师一样去思考。

棘手的问题需要归纳推理，这通常可以从掌握一组信息开始，然后尝试着对这些观察做出合乎逻辑且合理（但不确定）的解释。归纳的过程，就好比手中有不完整的拼图碎片，它们可能是定量的数据点的集合，也可能是一些观察，然后依据它们得出最合适的结论。医师可以通过诊断来做到这一点：他们从来没有一幅完整的图片，只是无数的数据点的集合，例如对患者的问诊、实验室报告、与同事的对话等。

范纳媒体的"首席心脏官"克劳德·西尔弗告诉我，她是一个战略系统思考者，她会用自己的方式来感知周围的世界并根据直觉行事，"在任何特定的会议中，我都会运用和会议情境相关的多种工具来提问"。她说，就好比心脏是人体的中心运行系统，人也是组织中最核心的要素。

在 VUCA 的环境下，人们掌握的数据是有限的，并且棘手问题无处不在，运用归纳推理以及直觉是很有必要的。实际上，直觉通常能够帮助人们实现从观察到找到合理解释的重要一跃。它始于观察和好奇心所需的平静。它可以帮助我们在混乱中理出头绪，使我们勇敢地跟随内心。

直觉将勇气摆在精通之前

在电影《心跳砰砰响》中，山姆对自我产生了怀疑，她的女性朋友罗斯鼓励他："你必须要勇敢，然后才会自我感觉良好。"同样，直觉让我们在精通之前先变得勇敢。它的作用就像手电筒，在我们想要找到清晰可见的出口时，能够引导我们借助微弱的灯光通过地形未知的隧道。

在精通之前先有勇气，这本身就需要足够的勇气——去相信我们的直觉。这样做的结果是，首先，你会成为一个敏锐的模式识别器。对于周遭环境的敏感和调节，会让你对下面要做什么有一个真实的提炼。其次，你会减少后悔的概率。没有什么比已经知道一些超越理性的东西，但还是拘泥于理性更糟糕了。

在商业中，面对数据和理性，我们通常需要勇气来捍卫自己的直觉。决定听从你的内心是勇敢的，而且这条路常常也是孤独的。要想获得追寻某条路的耐力和坚持，你必须浇灌和培育自己直觉的内核。格莱美提名的 DJ 音乐制作人金·布里特是通过旅行来培养自己的直觉的。正是因为处在自己不熟悉的陌生环境下，你才必须要依靠内在的感觉。保持平静对此也有帮助，因为它能够促使我们成为更好的观察者和更积极的倾听者，变得更有好奇心。

直觉看起来矛盾的地方在于，作为一个内在的心理过程，它却始终需要我们对周遭的外在世界保持深切的关注。最终，它可以帮助我们走出自我，跨越边界。跨越边界无论对于未来的学习还是未来的工作都至关重要。它是一种关于弥合鸿沟和差距，以进行跨学科对话和连接信息孤岛的能力。跨越边界对于构建一个能让创造力蓬勃发展的社群也是至关重要的，这一点我们会在下一章里详细探讨。

创造力练习

适合你的练习：

▶回顾并记录你所经历过的追随自己内心的时刻。后来的结果如何？请从中汲取勇气。把你过去追随个人直觉的事情记录下来，它将成为你实现直觉质变的纪录片和记忆银行。

适合组织的练习：

▶每周举行一次奇想冲刺。奇想冲刺是指，在一个特定的时间范围内，让你的团队就一个探索性的、大胆的问题深入研究。问题最好采用"如果……是否可以?"这样的句式，要能代表组织的直觉和预判，比如商业趋势或者竞争对手下一步的动作。把冲刺的时长设计为最短 15 分钟、最长半天。选择一个有趣的提示（"如果我们与最大的竞争对手合作会怎样?"），或是在一个有趣的环境中（例如保龄球馆），进行奇想冲刺。

第 6 章

创意摩擦：在社群里共同创造

社群是创意的基础

我的童年是在费城西北部的艾里山附近度过的，和我住一条街的孩子们还有邻街的孩子们组成了一个小部落。我们有各自的角色，并且知道彼此在等级顺序中的位置。我们甚至创造了自己的仪式、手工艺品和空间来玩标签游戏、跳房子游戏以及花式跳绳游戏。我们甚至知道谁家的前门廊可以逗留玩耍，谁家的不能。

我们这个小部落之所以能维持下来，是因为大家的个性各不相同且互补。我们身上奇特的差异被相互接受，并且被允许随意发挥，当然这取决于是在面临危险时还是在游戏中。这有助于我们独特的个性发展成独特的优势。我们还惊奇地意识到，如果来自另一个街区的孩子（"外国人"）是被送过来做卧底的，有可能干扰到我们，那么他就不属于我们部落的一分子。有时，我们走三个街区到一个角落的商店买五元钱一袋的"瑞典鱼"糖果时，会碰到这些"外国人"，我们就必须判断这些新人是朋友还是敌人。

几十年后的今天，我出现在健身舞蹈中心，按照惯例开始上全身伸展课，然后接着上充满活力、汗流浃背的电臀嘻哈舞蹈课。对我来说，这是一种自我修复和更新的方式。这些课程最让我兴奋的是，它们让我重新回到了部落。

我从小学习舞蹈，但大学毕业后就较难继续下去。因为，如果不打算参加百老汇演出的话，那么在为 11 岁左右的孩子提供的晚期入门课和为 20 多岁的专业舞者提供的课程之间，我能选择的课就很少。探索舞蹈健身中心可以说是帮了大忙，这个地方将我和内在自我的一部分重新联结起来。同时，我也开始在社会山舞蹈学院学习交谊舞课程，比如狐步舞和萨尔萨舞，几年前还学习了探戈舞。能找到这两个舞蹈部落，我感觉很幸运。

部落是社群的子集。从塞思·戈丁的书《部落：一呼百应的力量》中可以了解到，部落是我们人类本能上想要联合的发展结果。它们是改变和影响的力量集合。部落既是避风港，又是一种生存机制。它们是建立密切关系的一种手段，也是推动事情迅速完成（例如通知大家"快往山上跑，我们正在遭受攻击"）的动力。在复杂的环境下，部落中的人们会优先考虑并保留重要的东西（例如语言和仪式）。[1]

我之所以提及部落，是因为我相信，有社群感和朝着共同目标一起协作的能力对创造力而言至关重要。社群是奇想和严谨得以发展起来的理想空间。

为什么社群对创造力至关重要？

创造一些新的东西，往往很难独自完成。如果有合适的团队，会大有裨益。我在第 1 章中谈到的 Steelcase 公司的研究报告表明，有 90％的受访者认为，协作对于创造新的、更好的想法至关重要。企业生产力研究所的研究也表明，当人们进行协作时，盈利能力会提高。这是因为，仅靠我们自己，很难让创新实践变得可持续。社群是一种比我们自己更强大的力量，可以给我们充电，帮助我们调整方向，从而坚持提问、即兴和直觉这三种基本实践。

正是通过社群中的经验共享，奇想和严谨才能被扩大。但就像任何动态的努力一样，在社群中也是优势和挑战并存的。其中的一个优势是跨越边界和架起桥梁，尤其是当我们和不同的人基于相似的目标产生联结时。对于彼此共同点的信任，有助于我们超越最初对他人的看法和假设。这种高于自我层面的联结，能促使人们找到很多共同点。社群是尽管我们之间存在分歧，但仍然能够达成一致的一个地方和一种心境。

但有时候，让你感觉坚如磐石的关系也会无意间分裂。我们越来越多地在世界各地日益民族主义的政治氛围中看到这一点。人们坚持自己的信仰，以保护自己不受"他者"的影响，哪怕所有的数据都表明这并不合理。这暴露了一个事实：维护健康的社群需要付出努力。虽然部落是创意社群的基础，但如果我们仅把创意流程放在部落中孵化，就可能陷入回声室效应①中。部落思维可能会引发分歧。

将社群变得可持续是一种勇敢的平衡行为。这要求我们，必须在解决其面临的挑战的同时，利用其优势（跨界、培育同理心、由于天然的差异而激发的好奇心）。社群是混乱的，解决社群的挑战需要严谨。融入社群需要努力、协调，以及第 3 章中提到的创意摩擦。社群包含了部落之间的相互碰撞，每个部落都有自己的日程、倾向性和技巧来达成目标。即使在设计最完善的社群中，我们也必须警惕地确保多样性，避免群体思维，并抵制现状。这也是为什么练习提问、即兴和直觉如此重

① 回声室效应是指在一个相对封闭的环境里，一些意见相近的声音不断重复，并以夸张或其他扭曲形式重复，令处于相对封闭环境中的大多数人认为，这些扭曲的声音所讲述的故事就是事实的全部。——译者注

要的原因，因为这样我们才有空间去适应和成长，提高创造力
商数。

设计创造力社群

为了了解组织如何设计创造力社群，我参观了美国宇航局
位于加利福尼亚州帕萨迪纳的喷气推进实验室（JPL）。JPL 中
的一个工作室是它的内在挑衅者。这个工作室的设立有助于激
发 JPL 科学家社群的创造力，它由视觉策略师丹尼尔·古兹领
导，其成员拥有不同的学科背景，包括社会科学家、艺术家和
设计师。

"工作室可以帮助科学家解释，为什么人们应该关心他们
正在研究的事情。"丹尼尔告诉我。在工作室的协助下，JPL
的科学家能够以有形的、直观的和引人注目的方式来阐述他们
的研究。举个例子，在 JPL 工作室安装的视距无线传输系统[2]，
配有三个旋转的 LED 指示牌，能够指向行星和太空中的其他
天体。它已经成为承载美国宇航局使命的 JPL 工作室实体以及
视觉上的代表。这也证明了在社群里内置一个创造力挑衅者的
价值。如果没有来自这个工作室的挑衅而去试图解释他们的工
作，这些科学家在"翻译"和沟通他们所做的工作时就有可能

面临因为没有争议而带来的风险。

关于在工作社群的内部设立"挑衅"机制，我发现的另一个例子是软件公司 Autodesk，它的领导者们有意识地建立跨界团队。Autodesk 的未来学习副总裁兰迪·斯泽尔解释说：

> 在软件每隔几周就更新一次的环境下，它所应用的领域是瞬息万变的，与之相对应的专业角色也在不断变化，如此一来，学习就是一切。我们团队的工作就是帮助 Autodesk 在这个复杂的环境中去想象未来：我们需要做什么样的研究？拥有什么样的商业模式？我们的客户面临哪些问题？他们想要尝试创造什么样的新价值？

兰迪认为，能做好以上工作的最佳策略是，让拥有完全不同背景的人们共同来做方案分析。例如，Autodesk 的一个团队可能包括程序员、人类学博士和前军队将领。除了在内部组建多元化的团队，兰迪的团队还会举办一系列峰会。在这些会议中，他们将与战略合作伙伴接触，并与来自世界各地不同领域的思想领袖以及实践者关注和探讨对 Autodesk 来说很重要的议题。

在我们这里，创造力就像是一个集团企业。我们投入了大量的时间和金钱来教人们如何进行团队合作，运用不同的角色、不同的智力来创造创意集合的大脑。这就是我们在这里的主要工作方式，因为大的项目都是建立在团队合作基础上的。

Autodesk 有意识地让内部团队保持多样化，并且通过一系列峰会和外界保持连接，这些都是我们在第 3 章中讨论的创意摩擦的例子。Autodesk 的管理者们还指出，要想激发创造力，就要建立一个充满活力、影响深远的合作性社群。

懂得缩放

当你走进位于内布拉斯加州奥马哈的巧克力店 Chocolat Abeille 时，你会明显感觉到似乎走进了某个人的宁静空间。店主蒂娜·特威迪是一位非常友善、眼睛明亮的巧克力师。直到我在准备为黑巧克力杏仁薄脆糖付钱的时候，我才注意到蒂娜穿着白色养蜂人服装的照片。我问她关于这张照片的故事，她的脸瞬间变得有光彩，描述着养蜂带给她的喜悦。她向我解释说，她的很多巧克力都是用她养的蜜蜂的蜂蜜做成的。然后，我观察到，巧克力精品店的墙纸上装饰着用金色金属漆精心雕刻的蜜蜂。

蜜蜂是我们理解创造力的绝佳导师，因为蜂巢是典型的混序社群。对我来说，乍一看，蜂巢就像一团乱麻。蜂蜡悬挂在蜜蜂新建的蜂巢巢室的边缘，看上去蜜蜂似乎在随机的区域聚集。但近距离细看，我观察到奇想和严谨几乎无处不在：蜂巢的巢室都是重复一致的六边形，蜜蜂似乎在用自己的数学直觉来集群，每只蜜蜂都在有意识地忙碌，以自己的方式确保蜂王可以产出更多的卵。蜂巢既是一个，又是很多个，每只蜜蜂都是为了社群的唯一目的而存在。蒂娜同意我对蜂巢的看法，她也认同：作为巧克力师，需要混乱（奇想）和秩序（严谨）完美地融合，来创造奇迹。

对我来说，每天都是在玩。例如，上周末我决定制作巧克力火烈鸟，人们很喜欢。有了这种玩乐的元素，我的工作变得很愉快。而约束会驱使我前进。例如，我会用一个葡萄酒冷却器来存储我的巧克力。我不想花几千美元买一个专用的冷却器，因为葡萄酒冷却器有相同的湿度控制功能。

从另外两个养蜂人诺里斯·柴尔德斯和兰迪·弗雷德里克身上，我学到了更多关于创造力和蜜蜂的故事。你知道吗？蜜蜂可以确切地知道它们在做什么，以及做了多长时间，它们是工蜂（缺乏生育能力的雌性蜜蜂）还是雄蜂。你可知道蜂王只是名义上的领袖，而非真正的掌控者？在蜜蜂的世界里，实际上是由工蜂（扮演清洁工或护士的角色）来指导蜂王产下哪种类型的幼虫，也是由它们来决定何时该离开并构筑一个新的蜂巢。

当蜂群探测到它们需要分散开来构筑一个新的蜂巢时，就会有涌动的蜂群出现。蜜蜂成群结队地劳作，是工作复杂性的一个很好的例子，这正是自组织、自适应和自迭代。要决定何时形成蜂群，工蜂需要考虑许多变量，包括蜂蜜的储藏室、一年中的时间、蜂巢中的温度，以及蜂巢是过于拥挤还是过于疏松。

当蜂巢分开时，一半的蜜蜂会留在之前的蜂巢，另一半蜜蜂会飞出蜂巢，找到新的树枝，环绕在蜂王周围以保持其温度恰好是 35℃。为了创造一个新的蜂巢，蜜蜂必须做出一致的决定。它们来回辩论，找出新的空间，并通过一排蜜蜂"站队"来确定宽度和高度，衡量空间是否合适。入口必须足够大，大到能飞进去；但又要足够小，这样老鼠及其他动物就无法进入。

观察蜂群是如何运作的，提醒了我懂得缩放是多么重要，既要放大严谨的细节，也要缩小焦距，去体验社群的奇想。这就是全新层面的意义建构。想象一下，如果我们人类组织能够以这种民主的方式做决策，很好地平衡数学上的精度和直觉……就如同养蜂人约翰·柴尔德斯所观察到的："混乱是我们对蜂群秩序的感知，事实上每只蜜蜂都知道自己在做什么。"

当你放大焦距去看蜜蜂的社群时，很大程度上你会看到一个随机的自组织，正在适应当下社群的需求。而当你缩小焦距去看它时，你会看到一个完整的正在生成的景象。缩小对象来获取新的视角，正是我们预判未来和创造性地为未来做准备所需要做的。我们将在下一章里进一步探讨这个话题。

创造力练习

适合你的练习：

▶仪式把秩序和严谨注入我们的生活，往往会产生奇妙的效果。你可以为自己创造一种什么样的个人仪式，让自己感觉与工作社群的联系更紧密？它可以是你每天走进大厅时对自己的一句问候语，也可以是摆在你办公桌上的一样物品，或者是你每天在办公室穿梭，静静地观察你的同事们并看到他们的贡献。建议你参阅赫斯特·欧森和玛格丽特·哈根合著的书《工作需要仪式感》，获取更多灵感。

适合组织的练习：

▶在工作场合建立社群的一种方法是尊重机构记忆[①]。花些时间来盘点一下你的组织曾到过哪里，像 MonoSol 公司的副总裁马特·范德·兰做的那样，策划和召开一个公司展示会，将一些亮点项目展示出来，说明"我们曾经到过哪里"，并向大家隆重介绍提出这些想法的人。要邀请公司内部不同背景的人们组成一个小组来领导故事讲述，这样才能获取来自不同视角的观点。

---

① 机构记忆是指一群人持有的一组事实、概念、经验和知识的集合。——译者注

第 7 章

预判：放大人类的独特之处

世界的未来取决于创造力

2018 年的夏天，我在深圳遇到朱利安·哈茨海姆（在本书第 1 章提到过），还和玛特·马西克重新建立了联系。一天早上，玛特和我刚好在早餐时遇见并聊了起来，我们好几年没见面了。玛特是爱沙尼亚人，他把工作日的大部分时间都花在瑞典斯德哥尔摩的波罗的海区域。他是北欧领先的 SEB 银行创新实验室的联合创始人，在某一刻他不经意间提到了"我手里的芯片"。

我以为我听错了，所以问："等等，你是说你手里有植入芯片吗？"他点头说"是"，然后解释说 SEB 银行创新实验室决定要真正实现创新，而不仅仅是在它的名称上有"创新"这样的字眼。创新实验室会在下班时间举办"啤酒＋薯片"晚会，很多同事都选择参加，他们会让文身师将米粒大小的微芯片植入自己拇指的根部。

"我能感觉一下吗？"我问玛特。"当然！"他回答。这摸上去像是一根小小的骨刺。玛特解释说，他不是先行者，在宏大的事情上已经算是个落后者了。现在，他有了一枚芯片，可以使用它轻松进入办公楼并解锁自己的自行车。他告诉我，他可能会将它用于公共交通。

我瞠目结舌，觉得自己像一个持有反机械自动化观点的人。听玛特的故事让我回想起我在深圳时的一些体验。在这里的每一天，我都观察到这是一个几乎不使用现金的社会——所有商品和服务的交易都是通过在智能手机上扫描二维码来实现的。那时我觉得，如果回到美国的话，我会认为自己已经很领先了，因为我用苹果手机的 Apple Pay 来为食品等零售产品付款！玛特的芯片也让我思考，政治经济是在怎样一种文化背景下发展起来的。对于我这种美式的、非常在意隐私和个人主义的人（当然也代表了很大一部分美国人）来说，这种性格特点会在多大程度上让我不太愿意接受这种技术？

当我很多次跟人讲起玛特的故事和他手上的芯片时，人们都倒吸一口气，紧紧抓着自己的手，露出惊恐的神情。当然，这些人大多数是美国人。但重点是，玛特的故事对于适应新的变化来说是一个警示。

第四次工业革命已经到来。云技术、白领和蓝领工作中的自动化、人工智能（AI）、虚拟现实（VR）和增强现实（AR）

无处不在。数字化优势以及很快要实现的量子平台已经成为我们日常生活中的一部分。事实证明，每一次工业革命的到来，我们都极少为这个历史性的跨越做好准备。怎样才能适应这次工业革命呢？在这个前沿、崭新的时代生存和发展需要做哪些准备呢？

预判是个矛盾体。我们需要它来稳步前进，但又只能从过去的经验中获得。判断力是依据对过去的深刻剖析来获取对未来的洞见，而预判是剖析这些洞见来预见和识别出多重可能，这样我们才能适应路途的颠簸。为此，这三种预判需要基于提问、即兴和直觉来实践，需要我们具备在奇想和严谨之间来回切换的能力。简而言之，预判未知的事需要创造力。

创造力驱使我们在旧有的基础上做出一些改变，为预期的未来状态设计一些现成的实验。创造力比以往任何时候都重要，因为它为我们提供了一种方法来适应不断加速的变化。软件设计和产品开发公司 Arcweb Technologies 的设计总监伦·达米科很同意这个观点。他认为，社会中不那么模棱两可的问题可能会留给机器学习和人工智能来解决。但是，随着模糊、不确定、非常规的事情越来越多，对于解决诸如免除大学债务或美国城市的中产阶级化、失业等棘手的问题，我们需要运用

创造力。正如在"领英学习"担任学术和政府营销总监的保
罗·彼得恩所写的："机器人擅长优化旧的想法，组织却需要
有创造力的员工，能思考明天的解决方案。"

创造力是第四次工业革命

第一次工业革命（18 世纪 60 年代—19 世纪 40 年代）是
借助蒸汽和水的技术从人工生产向机器生产跨越；第二次工业
革命（19 世纪 80 年代—20 世纪 20 年代）是批量生产的时代，
把标准化和电动化引入了制造业，其中汽车和服装生产行业受
到很大影响；第三次工业革命（20 世纪 50 年代—20 世纪 90
年代）通过数字化制造和大规模定制，基本上改变了生产制造
业的规模和范畴。在前三次工业革命中，人类已经被卷进技术
的洪流了。就拿查理·卓别林 1936 年的电影《摩登时代》来
说，卓别林在电影中饰演的喜剧角色最终被工厂机器的齿轮吞
噬了。

科技未来主义者兼沉浸式技术专家加利特·阿里尔坚持认
为，在第四次工业革命中，有很多机会运用技术来放大人类的
独特之处。人与技术将有机会共存于这次工业革命中。加利特
在她的一篇关于未来主义的文章中，鼓励科技创造者打造以人

121

为本的解决方案，也就是我们与技术共存的解决方案。机器人应该被看作人类的"自动化的同事"。关于通过 AR 来增强创造力，加利特看到了很多机会：

> 我喜欢"增强现实"这个词，因为它恰好描述了这项技术为何会是开创性的。它将使我们以新的方式扩展与周围世界以及技术的互动。增强现实将确确实实地把我们周围的物理世界变成一个三维画布，我们可以在上面绘制数字经验。我们将以新的方式再次接触和看待各种界面，还将以新的方式扩大、增强和探索我们与数字的多感官、全方位互动。[1]

加利特认为，未来将会有一系列感官和技术上的交互，开启新的方式来探索我们的创造力。

巴尔德·奥纳海姆是一位具有创造力的神经科学家兼 PlatoScience 机构的总裁。他具有医疗设备工程学背景，对于人类如何适应第四次工业革命，他得出了与加利特相似的解决方案。在 2017 年的法国新兴科技演讲上，他指出，关于人工智能，我们提的都是错误的问题。他认为，我们应该问："我们如何将人工智能的计算能力和人脑的创造力结合起来？"[2] 而不是去思考如何使 AI 富有创造力。在巴尔德看来，这个问题更有趣也更有价值。对于加利特和巴尔德来说，创造力是人类所独有的，是将我们与机器、机器人和计算机区别开来的本质特征。而利用这些无处不在的技术的关键是加大赌注，让我们成为独一无二的人类。

为了在第四次工业革命中发挥我们的创造力，未来工作策略师希瑟·麦克高恩呼吁要从"为了工作而学习"转向"为了学习而工作"。换句话说，工作的未来就是学习。我预计这种新的"为学习而工作"的方向将带来学徒模式的回归，让不同年龄段的人参与到在岗的体验式学习中。正如经济学家迪尔德里·麦克洛斯基和布拉德·德隆在研究中谈到的：未来的工作将更多的是关于做决策、批判性思考，以及人与人之间的联结，生搬硬套的实践会越来越少。

这种即将发生的转变已经开始显露迹象。在两个备受赞誉的电视节目《喜新不厌旧》和《大小谎言》中，剧中的青少年并不接受对于他们需要从高中直奔大学的期望。在《喜新不厌旧》中，朱聂尔坚持说他想要休整一年。而在《大小谎言》中，阿比盖尔声称她甚至不会申请大学，因为她已经在一个创业公司工作了。这些角色反映了千禧一代质疑大学教育的投资回报率，并希望获得更多实践中的学习——一种能够不断训练提问、即兴和直觉的学习，从而提高自己的创造力。

为组织的未来做好准备

对于组织来说，提高未来创造力的最佳方法就是找到合适的、足够多元化的人才。思维的多样性使我们逐渐放下仅仅重视深度专业性的观念，而更多地去跨界。这对于我们培养有创意的思考者社群是很有意义的。思维的多样性通常是被忽视的领域，特别是对于那些可能会遭受优越性困扰的大公司而言。"自己处于领先地位的优越感"以及"组织庞大，不可能轰然倒下"的心态，会使它们沾沾自喜，这终将使它们处于极大的劣势。主动地寻找思维的多样性意味着不能按照组织预料中的思路来招聘。新型人才不容易在显而易见的地方被发现。他们通常不显山露水，却更有价值，因为他们会根据自己的视角和观点搜集不同类型的洞见。他们有可能就在你的新员工之列，也有可能来自完全不同的行业或拥有不同的背景。最重要的是，他们的观点和定义问题的方式能即时适应变化，并且能依靠直觉采取行动。

随着公司逐步发展起创新的文化，它们会拥抱新的整合的工作流程，把之前从未探索的领域，例如从时尚、爵士、舞蹈甚至是农业中获得的启发融入进来。别忘了，农民是原始的"黑客"。

加里·曼诺夫和艾米·曼诺夫在宾夕法尼亚州的新希望镇拥有一个五英亩①的果园。每个季节，他们都需要琢磨还可以用收获的桃子和苹果做些什么。尽管美国企业所处的 VUCA 环境堪比洪水猛兽，但曼诺夫夫妇面对的则是一个更大的挑战。它充满了不确定与模棱两可。

并不是每个人都适合做农民。加里指出，农业里面的故障就好比一种疾病，你要么有，要么没有。当我参观曼诺夫市场花园和苹果园时，他们向我展示了最新的创意想法：苹果酒。这个想法源于他们不断地探索"下一步该做什么"。艾米从电影《儿女一箩筐》的故事中汲取了灵感。她喜欢由 12 个孩子和 2 个成人组成的吉尔布雷斯家族，因为他们像效率专家一样高效。由此，她一直在问自己一个问题："我们如何使这项工作变得更轻松、更快、更好？"

　　我不想浪费。我收获了这些湿软的桃子，必须得

---

① 相当于 2 万多平方米。——译者注

想想能做些什么！黄油、果酱、果冻、醋和苹果酒。作为一个小农场，它很难提高效率。

四年前，加里一直在阅读和研究，他把一些苹果酒带回家。我们一边品尝这些酒，一边思考酒里的成分都有哪些。后来，我们开始榨取自己的苹果酒。起初没什么特别的，在一天快结束时，我们邀请员工一起来品尝这种苹果酒，并问他们："你尝到了什么？它对你有什么作用？"我们这样坚持做了几年。

加里真的很努力。他是个有远见的人。他说："我想用适当的方法酿造苹果酒。"我们最后踏上了苹果酒生产的这条路。我们了解到几乎每个农场都竭尽所能来酿造传统的苹果酒，包括用到当地一切可用的苹果、酒桶和酵母。了解这点非常重要。所以，我们必须回到创造性和开放性上探索机会。要想退后一步思考，并做一些其他人没有在做的事情，就不得不问自己："我们这里有什么独特的东西，怎样才能把苹果酒酿造得更美味呢？"

这个故事是创造力如何触发的典型例子。首先是通过品尝苹果酒激发奇想，然后提出一个大胆的问题：为什么我们不能酿造自己的苹果酒？这样，我们就有了新产品，并且可以提高效率。关于苹果酒的制作过程，我们需要知道些什么？我们如何让它变得美味？通过一个严谨的即兴和不断折腾、迭代的过程，曼诺夫夫妇实施了自己酿造苹果酒的流程，他们从直觉上认为这是适合他们的。我们可能一生都没有机会去从事一天的农活，但曼诺夫夫妇这样的农民身上有太多值得我们学习的东西。

普华永道"人才与组织实践"全球联席主席布山·塞西告诉我："每个人都把科技当作生产力的代表，但我们必须提升人才的技能，管理他们的恐惧和倦怠，并重新设计工作方式。"这里的"提升技能"是指，教员工使用新技术，让他们可以进化自己的角色。而"重置技能"意味着彻底扮演全新的角色，这会带来很大的焦虑。一个组织要想让员工重置技能，进入与之相对应的角色，就需要足够透明，由目标驱动，并考虑全新的商业模式，就像曼诺夫夫妇所做的那样。《摩擦学导论》的作者布尚提出警告：

> 如果我们不透明，在组织内部创建话语体系，那么人们就会得出结论，寻找其他角色，并投资于自己的学习，或者在同事中产生更严重的焦虑。耳语效应

可能导致组织的民粹主义。最终，我们所有人都需要学习敏捷的技能。

创造力就是挑战我们关于"正确的方法"或"最佳的方法"是什么的假设，是关于我们如何测试出新的做事情的方式，为充满不确定和模棱两可的未来做准备。如果我们只是闭着眼就把事情做了（好比上了自动驾驶系统），却没有意识到有更好的做事方式，那会怎样？就拿会议来说，大家都知道，让一大群人能够投入其中，并超越传统的汇报模式，对于传统会议来说几乎是不可能的。但有很多创造性的干预方式可以用来提升会议的价值，例如干预会议的召开地点、持续时间、会议的主持者以及开会的频率。我们可以从行走或站立的会议开始。作为人类，我们人体被设计的初衷就是要去活动。脊髓是大脑底部延髓的延伸。当我们在电脑前弓着腰坐得太久时，会切断血液和氧气对我们大脑的供应。实际上，双脚站立真的有助于更好地思考！美国海军站着召开例会已有几十年了，人们可以更快地谈到关键问题，会议也更简洁。

在外面边走路边接听电话也变得越来越受欢迎。为什么不选择通过改变环境，在大自然中行走来讨论事情的具体细节，更豪爽地思考紧迫的问题？在传统的工作环境之外，有更多机会来实现"基于活动的工作"（activity-based work，ABW）。以费城的一家名为 Fitler 的私人俱乐部为例，它的概念是提供私人住宿/工作/娱乐的空间。创始人大卫·古斯塔特创立它是为了促进人与人之间的有机联系："我们运用了麻理惠的整理模型——使生活更简单。人们的生活是复杂的，尽管我们沉迷于各种电子设备，但仍然渴望与志趣相投的人们建立关系。"

如果有更多的公司对人们工作的内容、节奏和空间做些改变，那会怎样呢？会有怎样的新见解得出？哪些充满活力的员工会崭露头角？

这正是 Arcweb Technologies 所做的试验。Arcweb Technologies 位于费城的老城区，我约见了它的设计总监伦·达米科和首席顾问詹姆斯·科兰，谈论关于这家公司想要采用非同步工作计划的决定：员工每周在家工作两天，在办公室工作三天。我很好奇，这么做对生产力有何影响。他们都肯定地说："我们远程办公的那几天是效率最高的。"伦说，他不在办公室的那些天，工作可以更专注、更深入，然后隔天再与同事讨论问题。"当我在这里时，很难进入深邃的思想空间。每当回到办公室，都感觉周围很嘈杂。"

我把他们这种新的工作节奏称为一种组织的蠕动。如果

129

你还记得中学学过的基础人类生物学，就会想起，如果我们咀嚼的食物要从嘴巴到达胃里，必须先通过食道。食道有不自主的肌肉系统，会挤压和释放食物，这个过程被称为蠕动。同样的，Arcweb Technologies 在尝试非同步工作，这也是一种组织的蠕动。员工们被允许独立工作或共同工作，并且在创造力需要的奇想和严谨间不断切换来增加或释放压力。詹姆斯说：

> 如果我有疯狂的点子，通常我会把其他人也拉进来一起思考。现在，我对团队的打扰减少了。我退后一步，把这些想法写下来。它迫使我把抽象的想法从头脑中提取出来并画出一个轮廓。第二天，我可能会认为这是一个可怕的想法……它让我慢下来，却最终使我的团队能加速前进。

从 Arcweb Technologies 潮起潮落的工作节奏所展现的领导力上，我学到的最大一点是，花在项目上的时间和产出的关系是非线性的。正如詹姆斯所说："工作不是一成不变的。它是一连串的困境、突破、转折，又遇到困境，再突破。然后，我感觉我们已经完成了。"他们发现，新的工作流程消除

了可能是"噪音"的偏见，这样他们就可以更清楚地专注于
"信号"。

整合思考者将倍受欢迎

关于未来的工作，有两种针锋相对的说法。在第四次工业
革命中，我们已经绘制了一个图景：无处不在的自动化、云技
术、虚拟现实和增强现实，以及与人竞争的人工智能。反乌托
邦式的说法是："赶紧逃吧！机器人正在取代人类！"而乌托
邦式的说法是："放松下来，总的来说不会有太大的变化发生。"
那些因为被机器人取代而失去工作的人，只会简单地接受再培
训和再教育，以适应其他工种。我相信事实是介于两者之间
的，是两种观点的整合。德勤全球首席经济学家伊拉·卡利什
对此表示赞同。他向我解释："短期内，人将会被机器取代。
但是历史告诉我们，胜利者往往以数量取胜，更多的新的工作
机会将被创造出来。"

在越发充满不确定性的世界，无论是"亲技术"还是"厌
技术"，都是不可行的。要想运用技术来创造出整合的解决方
案，放大我们人类所独有的特质，为解决明天的问题做准备，
我们就需要成为整合思考者。

没有人的投入，技术什么都不是。音乐家兼技术顾问雪莱·帕尔默在 2017 年的"战略＋商业"访谈中谈道："要想充分利用算法，就必须提出正确的问题……有关认知的非重复性任务，很难被复制。"[3] 未来世界需要的是更富有创造力的整合思考者——在"技术能为我们做什么"这个方面可以提出大胆的、全新的问题，也愿意经历严谨的过程去找到那些答案。

创造力练习

适合你的练习：

▶观看巴尔德·奥纳海姆在哥本哈根关于创造力的神经科学的 TEDx 演讲，然后尝试他在里面提到的技巧之一。例如，在刷牙时，通过随机联想来接龙尽可能多的词语。

适合组织的练习：

▶改变召开会议的方式，看看会发生什么。比如改变环境，走到外面去开会；或者改变结构，请一位初级员工以他/她的方式主持会议。

第 8 章

重构：再混合，再建构，再利用

阳光下没有新事物

原创性是一种非常高的期望。在奇迹和严谨之间切换可以做到创新和与众不同，而做到原创性则取决于背景环境。如果我们允许自己接受一个事实，即我们会经常性地从他人、我们自己、我们的历史，以及不同的、邻近的文化中去借鉴，有意识地让自己富有创意就不至于使努力付诸东流。创新是一种重构：重新设定目标、重新组合、重新定义。

创新要求你重新审视眼前的事物，并向内挖掘出新的想法。或者，你也可以向外看，用作家奥斯汀·克莱恩的话说，"像艺术家一样去偷"[1]。原创性不是一个纯粹主义者不同寻常的产物。相反，它是全世界在时间和空间上一致、常见的、通过模仿而来的产物。关于原创性，甚至有人会说，它不属于创造力中真实存在的东西。实际上，这就是普利策奖获得者、美国小说家和短篇小说家迈克尔·夏邦在大卫·伊格曼的纪录片《创意大脑》中所断言的。他塑造的小说情节和人物形象就是这么多个世纪以来，以人类真实故事为原型的变体。这根本没有什么羞耻可言，对夏邦来说，原创就是把既有的东西混合加工后重新发明的产物。他会拥抱挑战，去发现那些能引发他共鸣的模式，然后重新诠释它们，在此基础上进行再创造。

模板原型就是模式

模板原型强调了"原创性"这种说法其实并不准确。荣格在心理学、人类学和社会学领域的最大贡献之一就是提炼出以下观点：所有原型本质上是集体无意识的一部分。原型的本质就是一些模式。它们在世界各地重复，不分文化、世纪、性别、地理或语言。这些古老的模因在全球各地的故事、神话、宗教、艺术和梦中不断重复出现。我们会本能地回应它们。在玛格丽特·马克和卡罗尔·皮尔森所著的《英雄与歹徒：通过原型的力量建立非凡的品牌》一书中，他们列出了以下 12 种基本原型：

（1）照顾者。富有同情心的殉道者，帮助别人做事。

（2）创造者。富有想象力和艺术性，有助于实现愿景。

（3）普通人。善解人意，平易近人，脚踏实地，有助于建立归属感。

（4）探索者。自由与自治，有助于体验新事物。

（5）英雄。勇气与能干，有助于改善世界。

（6）天真者。自由、传统和乌托邦，有助于正确地做事。

（7）小丑。顽皮，活在当下，有助于减轻当前环境的压力。

（8）情人。热情而坚定，有助于建立与他人的联结。

（9）魔术师。善于催生变化，有创意，有远见，有助于让梦想成真。

（10）叛道者。叛逆，推翻不健全的事物，有助于打破秩序。

（11）统治者。负责，领导，帮助创造繁荣。

（12）智者。明智，聪明，帮助解释和分析。[2]

在《英雄与歹徒：通过原型的力量建立非凡的品牌》中，马克和皮尔森示范了借鉴和使用原型的功效，以此作为启动板来创建全新的东西。当品牌在传递信息的时候能够有效地纳入原型时，广告就会更加触动人心。通过隐喻和类比思考，原型能帮助产品经理们在人与人的联结层面分析问题和销售产品。

整合原型产生的意义超出了产品的核心功能和可用性。因为顾客与品牌的长期关系，是基于品牌唤起的情感体验。以多芬为例，它主打的真美活动，关注点更多地在于女性对美的自我感知，很少是关于香皂本身。多芬不是第一款进入超市货架并针对女性群体的香皂品牌，但是，它却是第一个把普通女人的原型有效整合进品牌传播的。

多芬"真美素描"的视频真的催人泪下。每当我看到视频里的那些女性因听到陌生人对其自然美的描述（美国罪犯肖像艺术家吉尔·萨莫拉根据陌生人的描述为这些女性绘制素描画像）而情不自禁地潸然泪下时，我也泪如泉涌。对于这些女性的感受，我也感同身受。同样，在电视广告上，多芬让有着肚腩、皱纹和妊娠纹的真实普通女性来做主角，也吸引了演员奥普拉·温弗瑞的注意。多芬的创造性来源于提出新的问题，即如何诠释美。最终，该品牌在大众的认知中，也从"普通人"原型转变为"英雄"原型。

原型也可以被当作公司变革管理中的指南针来应用。想象一下，运用其中的一个原型或几个原型的合体，会有多少有趣的、新的战略方向产生？在严谨地运用技能和手艺的过程中，灵感就会产生。正如毕加索所说："灵感总是存在，但它只在你工作时出现。"哪怕是在欧洲引起轰动的毕加索的立体派画作，其灵感也来自非洲的雕塑。这个作品的原创性源于毕加索对于角度、阴影、色彩、木制品等元素的创造性诠释，而这些元素已经在毕加索的个人文化之外存在了几百年。

　　跨越不同文化、穿越不同时空的原型的再现，证明了创意灵感的来源其实属于更大的网络的一部分。创新的行为让我们彼此联结，因为它要求我们寻找沟通两者的桥梁。这就是真正的跨界。

像时装设计师一样思考

　　以前我从事时装设计，每当鸡尾酒会上有人问我"你做什么工作？"时，人们对我的回答总会有比较一致的反应：通常，他们要么兴奋地点点头，佩服我在如此光鲜亮丽的行业工作；要么抛来不屑一顾的眼神，觉得我的工作很无聊。

　　时装行业既不迷人也不无聊，而且人们对于时尚或着迷或消遣的态度显得有些天真。正如著名时装设计师可可·香奈儿所言："时尚不仅关乎衣着，它漂浮在空中，蔓延在街道。时尚关乎创意、生活方式和当下正在发生的事情。"

　　时尚兼具时间和空间维度。在时间维度上，它重视历史和从过去走来的事物，通过光怪陆离的 T 台秀和时装设计中极其新潮的变化，来探测历史、当下和未来的边界。时装特别强调定位于当下，如果还处在遥远的过去，那就属于某个历史时期的产物；如果处在遥远的将来，人们欣赏不了，也就很难卖出去。在空间维度上，时尚是从街头、精英、本土和世界上的偏远地区借鉴而来的。时装设计师既潜入了嘻哈和朋克所代表的亚文化圈，也潜入了有抱负的精英群体。在全球范围内，由物流、技术、供应链管理、消费者洞察和美学所驱动的时尚产业已经有 2.4 万亿美元的规模。

透过时装设计师、服装制造商或针织厂的视角，你可以创造性地用新颖、奇特的方法解决任何艰难的挑战。当我在斯里兰卡和葡萄牙的工厂里工作时，我亲眼看到了那里的人们怎样用奇想和严谨来解决问题，简直让人拍案叫绝。纺纱厂的工程师运用纱线扭矩和张力方面的知识试图达到设计师团队想要的理想手感。正是在做信息整合的时候，往往一些最有创意的解决方案就诞生了。

我曾经观察过时尚界的元素如何被扩展运用到其他领域。就像埃弗里特·罗杰斯自 1962 年开始传播创新理论一样，时尚元素和概念先被广泛传播到各个公司，这些元素被采纳后再产出全新的、非常有创意的产品、服务和体验。例如，W 酒店在寻找保持酒店新鲜感和价值感的方法时，毫不掩饰地从时尚界借鉴经验。对于一家连锁酒店来说，刚一开业就采取赶时髦的主动行为实在令人佩服。2010 年，W 酒店聘请了时尚界老兵阿曼达·罗斯，并赋予她一个全新的角色：全球时尚总监。这家酒店的管理者们意识到，他们需要时尚界大佬的专业和技能来保持领先的潮流和价值感。从挑选酒店服务员的制服到酒店装饰的方方面面，罗斯都要负责。W 酒店对时尚影响力的重视一直持续着。2017 年，它任命超模琼·斯莫斯作为该酒店品牌的首位全球时尚创新者。

在我思考时尚如何向外扩散的那段时间，也就是类比思考罗杰斯的"创新扩散理论"时，我刚好看到约翰娜·布拉克利在 2010 年 TEDx USC 上的演讲——《时尚自由文化带给我们的教训》[3]。在这次演讲中，约翰娜讨论了时尚的山寨文化：一位设计师新推出的时装系列遭到了抄袭，对方只是稍微做了些改动，就毫不知耻地将设计发布了。但这一行为的确是完全合法的，因为服装被视为一个功能性的事物，因此不受《版权法》或《商标法》的约束。

约翰娜解释说，自相矛盾的是，时装的山寨文化激发了一股积极创新的热潮。当你知道你的新想法一旦流出就会被抄袭时，你根本无法不思进取。结果，时装设计师不断地吸收各种不大可能被替代的非传统渠道的灵感。独一无二是时尚界的生存技巧，这对于其他行业来说也是一个很好的教训。

鉴于我们对时尚的影响力被低估持有相似的立场，我联系了约翰娜。最终，我们发表了一篇关于"时尚思维"的学术论文，这篇文章引起了全球品牌设计和创新机构 LPK 的首席洞察创新官瓦莱丽·雅各布斯的注意。[4] 结果我们发现，瓦莱丽已经开创了时尚思维的实践，帮助 LPK 的客户将自己品牌的独特之处利用起来。瓦莱丽、约翰娜和我一拍即合，开发了一套时尚思维框架，为急需一种新的方式来创造性地驱动商业创新的客户提供服务。我们把时尚思维定义为"一种创造性的商业战略，利用时尚行业的最佳实践，运用技术、故事、实验、趋势和开源的力量，为产品和服务的功能与体验增加意义和价值"。

时尚思维有七个原则。每个原则都指向了时尚界解决问题的独特方式。

（1）风格。风格是品牌策划展示的一种形式，因此也是品牌推广的一个重要工具。时尚界人士所擅长的跨界，使其能够将风格与产品无缝对接。例如，你从很远处看到一个广告牌，就知道它是博柏利的。

（2）为速度而设计。由于时尚界的淘汰文化，人们会利用技术来读取顾客的行为，获得洞察，掌握新品上市的速度。快时尚的变革就是证明。

（3）趋势。瓦莱丽·雅各布斯说："趋势是来自未来的数据。"人类社会行为的新模式和流行文化是未来趋势的探照灯。从未来收集数据需要敏锐地观察、倾听，而不是认为一些微妙的转变是理所当然的。

（4）讲故事。当时装设计师构建一个时装系列的时候，他们是从一个故事开始的，这里面有人物、需求和渴望。例如，有着最佳零售体验的 Anthropologie 品牌，是以故事为引导，吸引顾客购买，这样就能把那个故事带回家。

（5）双向投入。时装公司了解推销式的营销是过时的，最理想的是与顾客进行推拉双向的对话。沃比·帕克在他的早期营销中就体现了这一点：他们搭乘黄色校车去潜在顾客的家里展示眼镜产品。他们知道从办公楼走出来，去人群中获取信息和资源是多么重要。

（6）重新混合并联结。在社交媒体时代的开端，时尚在与顾客对话以及关注潮流方面发挥了引领者的作用。时装公司承认：时尚领域的专业知识的重心已经转移到了最终用户身上，它们最好予以关注。一个典型的例子是，代表嘻哈和流行文化的明星蕾哈娜加入了酩悦·轩尼诗－路易·威登集团

（LVMH）。她不是经过正式培训的时装设计师，却是一位时尚行家、潮流引领者和精明的女商人，创立了具有包容性的化妆品品牌 Fenty Beauty，在推特（Twitter）上有 9 200 万个粉丝，在照片墙（Instagram）上有 7 400 万个关注者……并且这些数字还在增加。

（7）开源共享。为了更好地适应当下，时尚界早就开始用众包的方式进行设计。以成立于 2000 年的 T 恤平面设计公司 Threadless 为例，它的聪明之处在于，从它的顾客那里众包 T 恤设计图形概念，通过订货型生产而不是存货型生产来管理库存。

借鉴时尚思维，去探索这些原则在什么情况下单独使用，在什么情况下合并使用，可以帮助你进行破坏性创新，识别出新的解决方案或结果。

用你所拥有的

不要把没时间、人员配置不理想或缺乏资金作为借口来推迟创新。创造力本身是喜欢一些限制条件的。你所需要的一切都已经拥有了，就在你的眼前，你必须转变思维方式。

以嘻哈音乐为例。我这一代，生于嘻哈音乐兴起的时代。

目前嘻哈音乐是排名世界第一的音乐流派，让我们回溯一下它的起源。在 19 世纪 70 年代后期，当公立学校的艺术教育经费大规模削减的时候，黑人青少年想到了一种新的乐器：唱机转盘。随着公立学校正规的音乐教学逐渐减少，唱片机因年久失修，它的针在唱片上刮擦发出的声音启发了打击乐和电音的流行。现在看来，这就是一种思维方式的转变！正是这个层面的重新定义和重新定位，刺激了嘻哈歌手的诞生。例如金·布里特，虽然深耕的是嘻哈音乐、节奏蓝调和爵士乐，但他已经拥有了一种娴熟的技能，能够得心应手地用 DJ 键盘制造出混音。

另一个例子是康卡斯特公司的可持续发展官苏珊·金·戴维斯。她分享了自己作为一名韩裔美国人的文化身份如何帮助她开辟出全新的路径："作为移民人家的孩子，我本来是没有蓝图的。我必须要有创意，才能找到自己的路。"苏珊在构建康卡斯特公司可持续发展的实践上具有远见和复原力，她把这归功于自己边缘化的少数族裔的文化身份。

要想转变你的范式，就需要从奇想开始，去问"为什么不……"和"怎么会这样"。你也可以从严谨开始，强迫自己尽可能地把限制条件利用起来，将其延伸到极限。归根结底，只管去做，不要找借口，任凭命运把你带向何方。

创造力练习

适合你的练习：

▶列出在奇想和严谨方面，哪些人可以成为你的导师。例如，创新导师！你喜欢他们的什么？他们的工作对你有什么启发？你可以从他们身上借鉴到什么，从而转化为自己可以利用的东西？

适合组织的练习：

▶SCAMPER 是以下词语的英文首字母缩写：代替（substitute）、合并（combine）、调整（adapt）、修改（modify）、改用（put to another use）、消除（eliminate）、反向（reverse）。它被用于时尚界的产品开发。尝试运用其中两项原则，来快速启动团队正在开发的服务、流程或体验。

第 9 章

走出办公楼：提高创造力的终极法宝

转换视角

你可能听说过盲人摸象这则寓言故事。当每个人去接触庞大且复杂的事物时，对事物的描述会有所不同。当一个人摸到象牙时，他把大象描述为光滑且表面坚硬的东西；当一个人摸到大象的耳朵时，他把大象描述为柔软的东西；当一个人摸到大象的脚踝处又厚又皱的皮肤时，他把大象描述为粗糙的东西。这个故事的寓意是，视角决定一切。而当你几乎总是用一贯的、传统的方式与同事、客户工作时，你会想起这个故事吗？

只有从多种视角输入信息，才能找到富有创造力的答案、产生新的见解。多样的视角，需要不同的方法和渠道来获取。我不喜欢只是依靠一种或两种方法，例如通过调查和焦点小组访谈来确定客户需要什么。在这两种方法中，你必须认识到一个主要的差距分析。在调查中，受访者倾向于沿着钟形曲线的尾部下降：那些选择回答的人要么欣喜若狂，喜欢你的服务或产品，要么出于种种原因认为调查不会带来什么变化，从而鄙视你的服务或产品。后者就是故意来找茬的。而焦点小组访谈面临的挑战是，一旦互不认识、互不信任的人们被关在同一间屋子里，他们就会不可避免地陷入羊群效应。也就是说，他们不想找麻烦，分享自己真正的想法，于是选择服从大多数。房间里性格外向和爱管闲事的人会影响谈话的方向。

这两种方法都能体现出人们说的和做的不一致的情况。例如，假设在焦点小组访谈中被问到"你多久运动一次"，我可能会稍微撒个谎，回答"一周五天"。事实上，如果我一周能锻炼两天，就值得庆幸了。这就是为什么一些定性的研究方法，例如访谈、观察和田野调查派上了用场。为了了解影响我去健身房的细微驱动因素，你可以通过观察我的行为而不是我的个人汇报获得更多有价值的信息。我的出勤频率可能和健身房的位置、会员价格的关系不大，而更多的和儿童看护与公共交通有关。

最好的方法不是二元对立的，而是定量和定性相结合的研究方法。定量研究向我们展示了自上而下的鸟瞰图和聚合行为模式，表明了"是什么"的问题。定性研究则给我们提供了自下而上的蠕虫视角，提示了驱动人们行为的"为什么"的因素。当以互补的方式运用时，定性和定量研究可以为你正在创作的故事提供更多素材。

　　舞蹈家和音乐家是学习如何以不同方式看问题的专家。例如，当舞蹈演员学习编舞时，他们就掌握了识别模式。他们学习如何看到身体之外的运动，将其融入自己的身体，并转化为舞姿，传递出意义和故事。而音乐理论、感知节奏和识别音符之间的关系，是一种不同形式的模式识别，对音乐家来说更为重要。

　　当我们专门去了解舞蹈演员的工作流程时，就会发现有非常多值得学习的地方，可以应用到我们的工作中来。为了更好地创作和发现，去敲打修补、挪动脚步可以激励我们尝试原型制作，在迭代的阶段去不断开发作品，更加身体力行地投入工作。在 2019 年 Steelcase 的报告《新工作，新规则》中，Steelcase 未来工作空间副总裁唐娜·弗林说："我们的大脑和身体需要通过运动来变得更有创造力。"[1] 身体可以激活大脑，产生更好的想法。身体的运动会影响我们的思考方式。

　　还有一种从舞蹈演员身上汲取到的经验教训是，走出我们的办公楼，去顾客所处的条件下和环境中拜访他们。这项活动对于你从新的视角看待事物会非常有帮助。请不要感到惊讶，如果以这种方式改变工作习惯，会迫使你修改原来的计划，重新开始，或者在整合思考中产生全新的想法，调整人员或方向。虽然一开始这可能会让人感到不舒服，但这是整个过程的一部分，需要我们拿起缠结的线团（我们的挑战），解开，并拉伸，显露它的极简之美。

作为 ZX Ventures 风投实验室兼百威英博集团全球增长和创新团队的负责人，米尔科·拉加托拉定期让他的团队走出办公楼，换个视角看问题。其团队的职责是，以客户为中心，识别饮品的未来走势。为此，他告诉我：

> 你必须强迫自己走上街头，进入酒吧，观察一个人来到酒吧，点单、等待、拿到饮品、付款、和人们交谈等。我们着眼于整体的体验，提出关于如何改善经验的一些想法。接下来，我们将在一个真实的实验室中测试我们的想法。

这种类型的动觉发现正是米尔科越来越欣赏的。他承认这和他 10 年前的思维方式有很大的不同：

> 我过去以为一切都可以工程化、被计划。但是一路走来，我认识到创造力真的是我们一生中做任何事情都不可或缺的。如果没有了创造力，人类将停止进化。

米尔科还表示，以这种更加直接的方式工作，真正融入顾客的环境中，是需要一些勇气和胆量的。走出办公楼就是创造力觉醒的表现之一。除非转变思维方式，否则，我们不可能知道自己不知道什么。

成为"翻译"

研究人们真正的需求和渴望，都需要"翻译"这种行为来提供支持。实际上，"翻译"是我们每天在工作中都会用到的最常见的一种创造力工具。每当你向公司里的其他团队或部门解释你的工作时，就是在"翻译"。你必须快速切换，选择最佳的沟通方式来解释你的具体工作。当你这么做的时候，你正在从一个领域穿越到另一个领域，想清楚如何条理清晰地表述你所做的事情，本身就是一种创造性行为。这也是为什么费城Vetri 酒店集团兼 Fitler 俱乐部的首席运营官杰夫·本杰明把沟通视为他的画布和艺术形式。当你被要求去"翻译"你的工作时，就不得不打破和重组你自己，这就是亚当·卡拉西克所经历的。

亚当·卡拉西克是全球会计和咨询公司 EisnerAmper 的高级技术经理。他以一名注册会计师的身份加入 EisnerAmper，同时也拥有在金融软件公司工作的实战经验。他在软件公司接触到的数据建模的工作，帮助他理解了如何将这种技能应用于业务转型。

杰夫·布恰坚是 EisnerAmper 的合伙人和法务会计专家。他恰巧是亚当在职业生涯中最早接触到的人之一，亚当和杰夫是因为一通电话认识的，后来成了同事。杰夫很清楚会计行业正在被技术所颠覆，他想确保 EisnerAmper 处于这场可预见的变革的最前沿。这就是他投资亚当的原因：

> "亚当在这里担任会计，表现出对软件和技术的诚挚热情，而且也有一些个人经验，我们决定公费供他就读数据分析的硕士学位。"

在 EisnerAmper，亚当作为技术会计和计算机科学之间的桥梁，其主要角色就是"翻译"。他解释说：

> 我的工作流程？我尝试从受众的角度来思考。我所做的很多工作都需要高级数据建模。例如，如何让我的应付账款系统与我的收益系统以及采购系统对话，所有这些系统可能分布在不同的平台上。我不一定需要做一场技术演讲，只需要表明"如果我们采取

了某条路径,这就是可能的结果"。我的目标是通过沟通必要的信息,从而获得必要的支持。

"翻译"技能是创造力的关键:翻译是你获得认同的方式,认同是合作的关键,合作产生了最具活力的创造性成果。翻译这个行为并不总是口头上的。将复杂的想法可视化(例如,涂鸦的效果就很好),通常是让受众理解你的价值主张的最佳方式。这是因为,我们的大脑天生就是为视觉而设计的。战斗或逃跑反应的触发器就位于我们的下丘脑,使我们能够在几秒钟内读取视觉信息并做出反应,从而在危急时刻幸存下来。

通用医疗全球设计和用户体验副总裁鲍勃·施瓦兹认识到信任与关系建设也是获取认同,从而产生创新成果的关键。他将这个认知归功于他在宝洁的职业经历。他刚一上任,老板克劳迪娅·科特卡(被视为美国设计思维的早期布道者)就告诉他:"去学习!"带着这份指令,他在各个不同的设计部门进行了为期两周的轮岗。他学到的一点是,所有好的团队合作都始于且终于关系:

> 创造一个安全的环境,让人们可以真实地表达自我。你要知道他们配偶的名字,以及他们的生日。如

果你不去构建关系，人们就不会信任你，也不会想要
与你合作。

在鲍勃的职业生涯中，他非常擅长把各种不同类型的人凝
聚起来。他有三个指导原则：第一，善于颠覆，当然是在出于
善意的前提下；第二，让其他人受益；第三，对于招募的团
队，不去试图控制。

> 沟通同理心和好奇心的桥梁是以商人的身份出
> 现，在对方可能出现的场合与之会面。通过使用移
> 情、表现出好奇等方法来获取信息，了解设计和商
> 业，从而帮助他们解决问题。然后，他们就会为你讲
> 述你想听的故事。

"翻译" 是指从多种多样的碎片化信息中创造出意义。从
这个意义上讲，它与法国的砌砖艺术没有什么不同，都是利用
手头能找到的任何东西来创作。社会人类学家克劳德·列维·
斯特劳斯在他 1966 年的著作《野性思维》中谈到了砌砖艺术。
他把砌砖艺术比作一个旧货商随机地用手头的一些零件组装成
一台新的拖拉机。

砌砖艺术是组织即兴创作的一个特征。"修补匠"（运用砌

砖艺术的人）是足智多谋的，他把丢弃的材料和碎片化的信息组合起来，创造出全新的解决方案。即兴的"修补匠"运用奇想和严谨、观察和直觉，非常认真、投入地做着"翻译"：把旧货变成有用的东西。

当团队自发地把过去发生的事情还原重现以找寻意义，并从混乱中理出秩序时，我们会看到砌砖艺术。例如，范纳媒体的创意团队就是这样和百威啤酒合作，以 NBA 明星德怀恩·韦德职业生涯的关键时刻为基点来宣传百威品牌的。

亚当·洛克是范纳媒体的团队创意总监，他带领团队为百威制作了一条以韦德为主角的社交视频，广受赞誉。众所周知，NBA 球员习惯在赛后与其他篮球传奇人物交换球衣。亚当及其团队的任务是，找到被目的感驱动的百威品牌和球场外的影响力已经超越球场内的韦德之间的关联。他们通过将韦德从英雄原型①转变为照顾者原型②来建立他与品牌间的联系。在这场充满感情色彩的演出中，那些曾经受到韦德影响的人被特意挑选出来，他们把 T 恤、夹克、长袍等作为礼物赠予他。制作这样一条能在短期内快速传播的视频的过程是最有意义的。

---

①② 源于荣格的十二个人格原型。——译者注

据亚当描述，直到他们最后一次编辑视频时，他们都不知道这条视频会产生什么样的情感冲击力。团队往往会从很宽泛的范围入手，并头脑风暴出数百个概念。他们邀请了公司内多个不同部门的同事参与其中，决定创作没有脚本的视频。因为他们相信，篮球运动本身就已经是在讲故事了。从他们把这个想法卖给百威，直到在社交媒体上发布视频，总共花了六个星期的时间，这是相当具有挑战性的。当他们试图把想法变为现实时，混乱的部分开始显现：

> "我们是在接触真实的人，讲述真实的故事，却只有三个小时的时间和韦德在一起，还要尽可能多地拍摄，并且是在没有脚本的情况下。"

事实证明，在高压锅一样的时间下创作是很有帮助的。它迫使人们做出决定，并聚焦于关键点。"我们没有时间可以浪费，实际上，这就是正确的做法。"亚当解释说。他的团队收集信息、获取洞察的途径包括浏览大量的社交媒体。范纳媒体的经理们通过在照片墙、推特和脸书（Facebbok）上仔细搜索，来观察人们在日常生活中谈论些什么。来自战略团队的同事们也在通过搜索获取一些洞见。亚当说："一个真正伟大的洞察，它的质量就像一块准宝石。你要时刻用耳朵仔细倾听，不定什么时候就会听到能打破格局的事情。"直觉在这里是关键，因为对此缺乏教科书式的解决方案。结合知识、经验和自信做决定，并问自己"这个感觉对吗"，是创意过程的关键。

由于没有脚本，即兴对于制作最后的视频也至关重要。亚当分享说，信任在整个过程中都很重要。在没有多轮测试的情况下，他们很有信心团队会成功完成视频项目。其中就包括面试和挑选演员的导演，他找到一些陌生人来分享自己受到韦德影响的极具吸引力的故事。

最终，这个"德怀恩·韦德百威"视频获得了三项戛纳电影节大奖，这是范纳媒体首次获此殊荣。亚当在这个过程中有两点收获。

第一点收获是明白了时机的重要性，以及在好的时间节点萌生好主意的力量。

> 客户正在寻找吸引注意力的方法，他们想通过推特掀起一些波澜……所以选择在韦德最后一场主场比赛的早上发布这条广告。这意味着这个视频方案被客户选中了，我们给所有人提供了一些韦德职业生涯之外的谈资。

第二点收获是明白了真实的重要性。虽然范纳媒体希望声称拥有这个视频的所有权，但亚当说，整个创意其实源于韦德，他们团队的功劳是找到了一种非常有效的方式把韦德的故事"翻译"成视频。

亚当的工作过程表明，故事也是数据。像砌砖艺术一样，我们必须能够看到并重新想象我们可能会创造些什么，然后辨别接下来会发生些什么。其中一种做法就是用定性的数据——故事，作为定量的大数据的补充。

在 2012 年，我的父亲病得很重，死于非霍奇金淋巴瘤晚期。在他多次入住各种医院期间，我们常常觉得自己是在徒劳地对付这种疾病：往往是前进一步，后退两步。他的痛苦会在一夜之间剧增，甚至下一个钟头病情都会加剧。我的母亲、妹妹和我很快了解到，对于我父亲的病情发展，护士们通常是最有见地、最稳定、最可靠的信息来源。某个下午我们来探视父亲时，他正在打瞌睡，于是我走到走廊上去活动活动双腿。我看到一个穿着白大褂的男人快步朝我父亲的病房走去，他在门口停了下来，开始问护士一连串的问题。我无意中听见他提到父亲的名字"韦瑟斯先生"，就大胆地朝他走去。

我介绍自己是韦瑟斯先生的女儿，问他是不是在询问我父亲的病情。他粗鲁地回答说"是",并表示他是专家之一。当我知道他在问什么后,我开始分享上一位值班护士跟我说的情况。这位专家打断了我,说等他拿到其余的检查结果报表后再谈。对于他冷漠的回应,我感到很受辱,决定告诉他一些数字、图表之外的信息,帮他了解我父亲的现状。"故事也是数据。"我跟他说。他向我道歉,勉强听我讲完了。

我之所以分享这段个人经历,是因为这件事情说明了,当我们对什么是数据有一个目光短浅的看法时,会发生什么:我们可能会管中窥豹,失去同理心,忽视和错失与更广泛的人群合作解决问题的机会。

玩耍

杰拉尔丁·莱伯恩对我说:"孩子们本身就是奇想和灵感。"她深谙这一点。作为尼克罗顿国际儿童频道的创始人,她是一位传奇的媒体专家。当孩子们的玩耍成为她开展工作必须要了解的课题时,她找到了把这些经验融入工作日常中的方法:

> 我们一开始只有 20 个人。随着我们越来越成功,
>
> 每个人都不想错过任何一次会议。当我们有 400 名员

工的时候，会议层出不穷。我决定每天下午3点都不开会：休会！我们这样坚持做了大概六个月……但这给我们提供了一个信息。

他们的休会仅仅持续了六个月，这不是问题，重点是杰拉尔丁将实验性的思考方式付诸实践，创造了一个新的活动原型。这为她将玩耍引入工作的其他方面（例如会议）奠定了基础。

我完全相信会议可以用一种创新的方式来开展。因此，每六周或每八周，我们都会召开全员会议，如果有人做了一些很酷的东西，就会拿出来展示。这是员工创造的，我们自然要让这些创意展现出来，让它们被标榜和嘉奖。这种会议是不会录像的，纯粹是为了好玩！我们会提供茶点，员工彼此也会拉近距离。

当我觉得我们对于外部生产商所推销的产品习以为常、缺少新鲜感时，我们创办了实验性的创新实验室，因为我们不想被有限的产品所束缚。

那些"纯粹的快乐"时光对于保持我们公司的活力很重要。这是因为，"当我们玩耍时，我们的大脑正在学习如何学习"。当我在播客上听了一集主题为"我们为什么要玩耍"[2]的

161

演讲时，神经科学家比尔·克莱姆的这句话让我深有感触。它强调了玩耍和创造力是多么紧密地联系在一起。玩耍可以在精神、身体、社群等多个方面激发我们的创意，对于任何创意的尝试都是有意义的。

玩耍也是我们人类进化之路的组成部分。在《我们为什么要玩耍》的播客节目中，天普大学的心理学教授凯西·赫希·帕塞克将其描述为"实现超强学习力的一种工具"。从精神上说，玩耍有助于大脑的健康，因为它增强了我们在大脑额叶皮质和边缘区之间来回切换的能力。它还能使我们体验到精神上的放松，从侧重于额叶皮质的工作中抽离出来。玩耍是根植于当下的，因此可以帮我们摆脱困扰。它可以使我们放松心情，更加乐观，更开放地建立新的联系，寻求新的体验。

从身体上看，玩耍中的活跃元素能使我们恢复活力：它从我们的头脑中走出来，进入我们的身体，最终创造了新的神经通路。无论我们是在 UNO 纸牌游戏或猜字谜游戏中驾轻就熟、游刃有余，还是在来回扔球时跑来跑去，游戏动觉的本质就是一种充电。它可以释放令人感到快乐的荷尔蒙，如 5-羟色胺和内啡肽。它还可以减轻压力，让我们感到镇定，为实现创造力的奇想和严谨做好准备。玩耍与睡眠一样，对我们的大脑和身体健康同样重要。

如果工作可以变成玩耍的方式，那会怎样？游戏研究员加里·希克声称，他对做研究有极大的热情。"（做研究）对我来说就是玩耍，我喜欢做统计和计算机编程，非常喜欢。"

有点奇怪的是，我们似乎已经习惯了把工作和玩耍的时间区分开来。在一些看似很酷的公司，玩耍也仅限于偶尔的桌上足球和乒乓球，并没有战略性地融入我们的工作。为什么工作和玩耍会有边界存在？这可以追溯到我们过去是如何受教育的。在学校里大块的时间被分割开，在教室里学习的时间和在校园里玩耍的时间是彼此独立的。但是，正如罗杰斯先生所说："玩耍给予孩子们机会去实践他们学到的东西。"[3] 电视名人罗杰斯吸引了很多学龄前儿童（包括我自己）每天通过看电视学习知识，他认识到将玩耍与学习分开和对立是错误的。

在美国社会，我们玩得还不够。有朝一日，生物学家和历史学家可能会把这种缺乏玩耍的现象看作一种流行病，这意味着我们只实现了一小部分实际上能够实现的创新。如果像心理学家亚伯拉罕·马斯洛所说，"几乎所有的创造力都包含有目的感的玩耍"，我们就需要把玩耍继续进行下去，尤其是在我们追求创新的过程中。

大多数人对玩耍持有短浅认识的最终结果是，他们把度假和休闲当作罪恶的快乐，而不是神圣的停顿。从这个意义上讲，我们与大多数欧洲、亚洲、拉丁美洲、非洲的朋友们和同事们有很大的不同。当我在为"维多利亚的秘密"这个品牌的内衣做全球采购和生产工作的时候，结识了遍布全球的合作伙伴。意大利的同事很豪爽地关闭了他们的工作室，整个八月份都在休假。我在斯里兰卡的科伦坡居住时发现，一位在工厂工作的年轻女性结婚，整个工厂的人就好像失踪了一样，这种情况并不罕见。她的婚礼意味着要举行至少一周的庆祝活动，整个大家庭都会参与其中，而这个大家庭中的许多人就在这家工厂工作。我们公司中不乏一些人的埋怨和嘀咕声，因为生产节奏不得不因此放缓。也有很多人对于这些员工想要休息、庆祝、花时间和家人朋友在一起的决心和承诺感到欢欣鼓舞。

美国公立学校的教育经费缩减的悲剧之一，就是把孩子们本来可以自由玩耍的体育和美术课逐步淘汰了。中国某电子商务巨头曾发表公开演讲，他认为在学校，孩子们应该少放一些精力在学习科学知识上，而应该多去学习如何玩耍。把数学、科学、历史、文学等视作"真正"的学科，把身体运动和艺术探索当作次要的内容，是很可悲的。我们的学习环境往往是非常结构化和强调秩序的：在我们学习的地方，课桌通常都是排列成整整齐齐的一条直线；从那样的环境中毕业后，我们又进入到更多的"盒子"——办公室的格子间。我们被要求在"盒子"里工作，又被期望跳出"盒子"思考。

玩耍可以让奇想和严谨最大化。正是在玩耍中，孩子们会自我激励，思考大胆的问题，去即兴创作并追随他们的内心，从而发挥创造力和创新能力。这就是为什么当我了解到总部位于纽约哈林区的 Double Dutch Dreamz[①] 时，感到如此受鼓舞的原因。Double Dutch Dreamz 是 70 岁的玛丽卡·惠特尼创办的，她传承了荷兰式双打跳绳这一非物质文化遗产，作为孩子们建立自信心并练习表现、即兴与合作的一种方式。就如一个小女孩所说："当我跳入绳子中时，我会感到自己很勇敢。"玛丽卡甚至将荷兰式双打跳绳项目带到了盲人社区。

美国城市中的很多公立学校都有沥青操场。而实际上，许多操场还会同时被用作教师的停车场。鉴于我们所了解到的玩耍的好处，随着时间的推移，这可能会对我们的整个社会产生什么影响？在我们的社会中，创新的长期成本可能是多少？环

---

① Double Dutch Dreamz：一家主营荷兰式双打跳绳项目的公司。——译者注

境规划师莎朗·丹克斯通过美国绿色校园计划，已成为绿色校园的倡导者。正如她所说，校园是"我们最需要充分利用的公共场地，却完全没有被开发"[4]。

火人节的成功，是我们人类需要玩耍和实践奇想的证明。火人节是拉里·哈维和杰瑞·詹姆斯于 1986 年共同创立的，它是一个具有自组织、自适应和自迭代特点的节日，起源于内华达州的黑岩沙漠。火人节有 10 个核心原则：包容、赠予、去商品化、自力更生、自我表达、集体努力、公民责任、不留痕迹、参与和即时。

经理玛丽安·赫尔斯曼在 2019 年 8 月 15 日的一次广播采访中说，火人节是"在沙漠中练习激进的创造力的一个机会"[5]。火人节越来越受欢迎，也意味着人们有需求通过玩耍来摆脱单调的日常工作中的压力。通过着装，想象新的生活方式，并在新的环境中去试验，参与者（又名"火人"）会发现我们所有人都迫切需要的奇想和目的感。

像火人节里的火人们一样，我们需要变得混乱和狂野，从例行的日常生活中停下来一段时间。这就是我们开始将创造力融入工作过程中的方式。玩耍是一个非常棒的起点，也很容易实现。

跨越！

增加你的创造力商数，就是在既有事物的基础上去建造。建造，没错。建造的过程是模棱两可和混乱的。我们可能从做计划开始，但计划会发生变化，时间表也会发生变化，假设也会受到挑战。创造力的投资回报是基于提问、即兴和直觉产生的回报。这些回报可以规模化，不仅能使你个人受益，也会使组织受益。这里有三种跨越，可以帮你增加创造力投资的回报率。

从优先考虑专业深度向重视广度的经验跨越

你最近一次走出办公楼是什么时候？我的意思是，你真的是为了激发奇想而离开办公室的吗？新的经验和环境对于你在工作中的跨界是很重要的。不要局限于在你所处的行业、地理位置或普通的专家小组中来获取洞察和建议。

从遵从理性向拥抱不确定性跨越

在复杂的系统中，答案和解决方案都不是立即显现的，它们会随着时间的流逝而出现。这就像来自黄昏时分的薄雾般的模糊景象。在模糊且不确定的情况下，需要严谨的加入，伴随着不确定性，直到肉眼可见的图景开始显现。你要在一个很长的游戏中玩耍，来获取对事物的理解和洞察。在实践中，这可能意味着你会转变对组织里所谓专家的看法。试想一下：一线销售员可能没有执行副总裁的地位和视角，但对于你的提案中的对话、提问和评论，她/他一定更清楚哪些可行或哪些不可行。

从组织孤岛向联结的社区跨越

用方框和箭头来描绘我们的组织，和利用线性的流程来做新品发布，这两者有一点是相同的：它们给了我们一种安全感上的错觉。实际上，我们的组织架构图更像是一个混乱的思维导图，而我们的产品、服务和体验存在于一个充满模糊和不确定性的大环境中，是需要避开线性思维的。

从让你措手不及的情况中恢复过来的最佳方法是，要有适当的流体结构。尝试撤掉一些结构化的东西，给提问、即兴和直觉留出更加开放的空间。接受它。请记住，市场是不可预测、时刻变化的，因为它们是由人构成的。拥抱以上这个建议吧。

这三种跨越表明，当拓宽你的视角和投入时，创造力就可以被更好地驾驭。通过运动、翻译和玩耍来尝试挑战你的假设，并找到复杂情况的出口，就是如何增加创造力商数，以及如何实现创造力觉醒的方法。

创造力练习

适合你的练习：

▶dérive 在法语中是"漂流"的意思，这是一种很好的表述。比如说，当你穿过意大利威尼斯蜿蜒的街道时，你会自然而然地任思绪飘荡，进而产生奇想。请你在午休时刻故意走神，或者在没有导航的帮助下开车走不同的路上下班，留意你感受到和发现到了什么。

适合组织的练习：

▶要求员工每年参加一次与行业完全无关的会议。让他们跟团队中的其他成员分享学到了什么，遇见了什么样的人，然后研讨和确定哪些东西可以迁移到你们的工作中。

附录 1
21 个问题和建议，激活你的创造力

用这些问题作为引子，独自思考并记录下你的想法，或者与团队一起探讨：

（1）工作之外，有什么新的爱好是你可以开始发展的？

（2）你正在做的事情中，是否有对于你来说完全是从零起步的情况？能否举个例子？你的感觉怎么样？在这个新手体验中，有哪些元素是你可以借鉴到工作中的？

（3）你喜欢玩什么？它透露了你的什么性格？

（4）你多久做一次白日梦？

（5）你最近一次迷路是什么时候？当时发生了什么？你是如何应对迷路的？

（6）你上次脱稿即兴发挥是什么时候？你的感觉如何？

（7）你最近一次听从和追随内心的直觉是什么时候？其结果如何？你从中学到了什么？

（8）你对模糊与不确定性会感到不适吗？请分享一个例子。

（9）尝试以下简短的实验：跟踪记录你在工作期间问同事问题的频率。你倾向于问什么样的问题呢？

（10）如果有一下午的自由时间，理想情况下你会想要做些什么呢？

（11）如果对办公室里的物理环境做一个仔细分析，结果会是怎样的？它说明和展示了什么？

（12）写一份工作项目的事后评估。它展现了你的什么特点？在哪个环节还能提高创造力？

（13）你可以一年至少参加一次你所处的行业之外或舒适区之外的会议或聚会吗？尝试一下，并与同事分享你的见解。

（14）你的公司是否总是从某些特定渠道、某几个国家、某些大学中招聘人才？为什么？如果不这样做会怎样呢？

（15）你们公司会轮流主持会议吗？每季度尝试一次这种做法。

（16）你的工作场所有允许人们放松和发呆的区域吗？

（17）你们多久举办一次户外会议或步行会议？尝试把接下来的两次会议放在户外或步行时举行。

（18）如果只使用视觉涂鸦的方式来解释一个想法，效果如何？试试看，并收集反馈。

（19）选择一个你完全没有兴趣的行业，购买该领域的一本杂志，从中找出至少一种可以借鉴到工作中的方法或想法。

（20）哪些品牌对你来说就像导师品牌？想一想在你所处的行业之外，有哪些启发和吸引你的公司、品牌或体验。换句话说，当你在专业上成长起来后，你想成为谁？

（21）你认为自己是哪个方面的专家？可以是打高尔夫球、跳萨尔萨舞、家居收纳，或者是做自驾长途旅行的计划。你的这个专长是怎样发展起来的？这里面的哪些元素是你可以运用到工作中的？

附录 2
奇想—严谨游戏

我创建了一套奇想—严谨探索牌[1]，这个游戏可以帮你实践本书中提到的想法。你可以把它看作服务于商业的一个创意工具。这些卡片会带你走过三个阶段：心智、模式和催化。第一阶段：用思考模式卡让你的团队在心智上做好准备。第二阶段：通过选择一个基于未来的模式卡，来有效应对一个实际的挑战。第三阶段：通过一张催化卡，找出让动力持续向前的方式。

心智卡可以让你跳出常规的思考方式。例如，你可能会抽出一张卡，上面是一个日本哲学词语 WABI－SABI，它的意思是接纳不永恒和不完美。这个提示词会问你："你对不确定性感到舒适吗？分享一个让你感觉到有极大的不确定性并随机应变的例子。为什么你会采用这种方法？你从中学到了什么？"在第二阶段，你必须找到一个你和你的团队正在努力面对的挑战或项目。

让你自己先熟悉一下"奇想—严谨"中四种不同的模式/

方式：专攻、快斩、挑衅和发明（见图1），这些是"奇想—严谨"模型的连续体。这个想法是说，永远不要停滞不前，而是要根据手头上的挑战来确定哪种模式是必要的。当你重视细节、重复性操作、经证实的结果以及深厚的专业知识时，选择专攻；当你为了快速发现新事物，比起深度和质量更重视收益时，选择快斩；当你想要刺激他人在当前的制约因素之外去思考和行动，并考虑可能性是什么时，选择挑衅；当你想要把时间平分，既身临现场指挥战斗，又允许自己去思考大胆的问题，成为市场领导者时，选择发明。

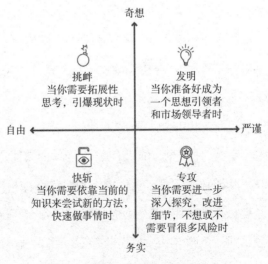

图1 "奇想—严谨"的四个模式

很重要的一点是要记住，我们的目标并非总停留在一种模式上。这些模式不是原型，而是你应当尝试转换的镜头。它们会帮助你找到新方法，来应对你所选择的挑战。选择一种你想在未来的状态下尝试的模式，解决一个问题。模式卡有助于模拟整个项目和问题解决过程中不同层面的分歧和融合。例如，如果你到目前为止一直在进行大量的头脑风暴，那么就尝试"专攻"模式。这一类别的模式卡会帮助你和你的团队确定在何处以及如何在流程中引入深入的专业知识、技能和严谨。

目标是一种有最后期限的梦想。这就是催化卡可以在最后阶段提供的帮助。它们帮助你识别出战术。你会根据卡片的提示把目标分解为短期目标、中期目标和长期目标，以实现想要达成的未来状态。

设定这些目标会确保你更有可能这样去做。例如，催化卡可能要求你识别出展现奇想状态的一个人或组织，然后提示你一个月内要与他们联系并对话，谈论他们是如何实践奇想的。或者你可能会抽到一张卡片，要求你写下一个计划，关于你在接下来的七天内将如何更加关注工作中严谨的部分。

享受这些提示所激发的创造力觉醒吧！

致　谢

　　这本书酝酿了整整五年，感谢所有读者和已经体验过奇想—严谨游戏的工作坊参与者。这其中包括来自巴黎设计学院、IBM 设计公司、Steelcase 公司、Pen novation 孵化基地、O3 World 公司、CENTRO 公司、商业创新工场、CUSP、BigSpeak 的听众、彭博社，以及米奇·芒利主持的高等教育发展官的会议。你们持续不断的反馈对我来说非常宝贵。

　　这本书的问世，得益于很多人的帮助。我非常感谢《体验经济》的合著者约瑟夫·派恩，他将我的出书计划转发给了贝雷特·科勒出版社。如果不是他写邮件来引荐，这本书的出版肯定是另外一番景象。感谢我的编辑尼尔·梅莱特，是他阅读书稿并给予机会，我的一些关于创造力的想法才得以变成一本书。向我的策划编辑丹妮尔·古德曼表达崇高的敬意，感谢她周密细致地提出问题和建议。她是个难能可贵的人。感谢贝雷特·科勒出版社的整个出版、发行团队对出书过程中细节的关注。

　　编辑工作是写作过程中艰苦、必要但也很神奇的一部分。书中有很多被删减掉的部分。为了这本书的采访，很多人付出了时间，贡献了想法和精力。遗憾的是，不是每一段引言或事迹都可以出现在本书的最终版本里，我对所有从百忙中抽出时间接受我的采访，谈论创造力如何体现在其实践中的人表示感谢，他们是：WondARlands 公司的加利特·阿里尔；美国国际香料香精公司的席琳·巴雷尔；富兰克林邓普顿投资公司的本·巴特瑞；"梦想·设计＋生活"公司的凯文·白求恩；"平衡高管生活"平台的凯利·布莱克；国际 DJ 和音乐制作人金·布里特；EisnerAmper 公司的杰夫·布恰坚和亚当·卡拉西克；Simplura 公司的吉姆·卡鲁索；美国宇航局喷气推进实验室的凯利·克思、丹尼尔·古兹和布伦特·舍伍德；费城养蜂人协会的诺里斯·柴尔德斯和兰迪·弗雷德里克；芭蕾舞团的艺术兼执行董事克里斯汀·考克斯；Arcweb Technologies 的伦·达米科和詹姆斯·科兰；康卡斯特集团的苏珊·金·戴维斯和卡里玛·泽达；商业模式公司的迈克·多耶；蛋糕生活烘焙坊的妮玛·埃特玛迪和莉莉·费舍尔；"A＋I"公司的达格·福尔格和彼得·克努森；"体育参考"的肖恩·佛曼；FS 投资公司的迈克尔·佛曼；美西银行的南希·弗罗斯特；医学博士达芙妮·戈德堡；Fitler 俱乐部的大卫·古斯塔特、杰夫·本杰明和阿曼达·波特；哈克水暖公司的约翰·哈克、朱利安·哈茨海姆；孟菲斯大学的安妮·霍根；德勤的伊拉·卡利什、梅兰妮·金；"共和餐厅"的梅利莎·库贾坎；埃森哲的阿里·库什纳；百威英博的米尔科·拉加托拉、杰拉尔丁·莱伯恩；SEB 银行的玛特·马西克；阳狮执行副总裁兼首席体验官前田·约翰；Salesforce 公司的维维克·马哈帕特拉；曼诺夫市场花园和苹果园的加里和艾米；联邦快递公司的塔梅拉·马瑞斯·卡瓦；日立万塔拉的约翰·莫利；加利福尼亚大学洛杉矶分校的索菲亚·诺布尔；Plato Science 的巴尔德·奥纳海姆；Just Beginnings Collaborative 的妮可·皮特曼；音乐家和游戏设计师戴恩·圣；Vectorworks 的比普洛布·萨卡；通用医疗的鲍勃·施瓦兹；普华永道的布山·塞西和约翰·琼斯库珀；Leadership＋Design 公司的卡拉·西尔弗；范纳媒体的克劳德·西尔弗和亚当·洛克；REC Philly 公司的大卫·西尔弗、威尔·汤姆和瑞安·埃普利；R2L 的厨师兼创始人丹尼尔·斯特恩；Autodesk 的兰迪·斯泽尔；Chocolat Abeille 巧克力店的蒂娜·特威迪；Monosol 公司的马特·范德·兰；Thirdlove 内衣公司的海迪·扎克和拉埃尔·科恩；以及 Immersion Neuroscience 公司的保罗·扎克。

还有一些人也慷慨地给予了专业的分享，同样也非常有帮助。感谢珍妮·里奇·尼古拉斯和安德鲁·尼古拉斯所领导的位于费城的最佳的图形和网页设计公司 Pixel Parlor。如果不是Pixel Parlor 视觉化上的造诣，我永远也无法通过图片来有效地讲述奇想和严谨的故事。瓦莱丽·雅各布斯、莎拉·布鲁克斯、丹·罗姆、德鲁·马歇尔、苏兹·哈米尔和艾德丽安·肯顿，感谢你们满是鼓励和反馈的多次对话，它们对本书来说至关重要。

关于我个人的创造力，它的根和养分源于我的家人。正如书中的零星碎片所反映的，我的父母弗雷德和卡罗尔·韦瑟斯为我种下了创造力自信的种子。我的丈夫约翰是我最好的朋友，他帮我保持积极向上的活力：谢谢你的爱与恩典。

参考文献

第1章 无创造，不未来

1. Dider Bonnet，Jerome Buvat，and Subrahmanyam KVJ，"When Digital Disruption Strikes：How Can Incumbents Respond?" *Digital Transformation Review*，no. 7（February 2015）：78 - 90.

2. Ben Gilbert，"A group of major US companies just took out a full-page NYT ad pushing Apple，Amazon，and Walmart to 'get to work' prioritizing social responsibility over profits," Business Insider，August 26，2019，https：//www. businessinsider. com/ amazon-apple-walmart-nyt-ad-ben-jerrys-patagonia-socialresponsibility-2019 - 8.

3. Steelcase， "New Work. New Rules," *360°Exploring Innovation at Work*，issue 75（2019），https：//www. steelcase. com/research/360-magazine/new-work-new-rules.

4. "Laura Linney on What Makes Good Criticism," *Hello Monday with Jessi Hempel*，October 21，2019，http：//hellomondaywithjessihempel. libsyn. com/laura-linneyon-what-makes-good-criticism-0.

5. Warren Berger，*A More Beautiful Question：The Power of Inquiry to Spark Breakthrough Ideas*（New York：Bloomsbury USA，2016）.

第 3 章 提问：问一个更好的、出人意料的问题

1. M. Tamra Chandler, *Feedback（and Other Dirty Words）：Why We Fear It，How to Fix It*（Oakland，CA：Berrett-Koehler Publishers，2019）.

2. Natalie Kitroeff and David Gelles, "Claims of Shoddy Production Draw Scrutiny to a Second Boeing Jet," *New York Times*，April 20，2019，https：//www. nytimes. com/2019/04/20/business/boeing—dreamliner-production-problems. html.

3. Andrew Ross Sorkin interview with Ray Dalio at the *New York Times* Deal-Book conference，December 11，2014，https：//www. youtube. com/watch? v = v812IV-NFFY.

4. Sorkin and Dalio interview，New York Times DealBook conference.

5. Ian Leslie, *Curious：The Desire to Know and Why Your Future Depends on It*（New York：Basic Books，2014）.

第 4 章 即兴：利用有组织的混序

1. Frank J. Barrett, *Yes to the Mess：Surprising Leadership Lessons from Jazz*（Boston：Harvard Business Review Press，2012）.

2. Dee Hock, *One from Many：VISA and the Rise of Chaordic Organization*（San Francisco：Berrett-Koehler Publishers，2005）.

3. Steelcase, "New Work. New Rules."

第 5 章 直觉：先有勇气，再谈精通

1. Sophy Birnbaum, *The Art of Intuition：Cultivating Your Inner Wisdom*

（New York：Jeremy P. Tarcher，2011）.

2. William Duggan，*Strategic Intuition：The Creative Spark in Human Achievement* （New York：Columbia University Press，2007）.

3. Walter Isaacson，*Steve Jobs*（New York：Simon & Schuster，2011），48.

第 6 章　创意摩擦：在社群里共同创造

1. Seth Godin，*Tribes：We Need You to Lead Us*（New York：Portfolio，2008）.

2. The *Line of Sight* installation was designed by JPL visual strategist Lois Kim.

第 7 章　预判：放大人类的独特之处

1. Galit Ariel，"From killer robots to automated colleagues," *Futur·ithmic*，July 9，2019，https：//www. futurithmic. com/2019/07/09/from-killer-robots-to-automated—colleagues/.

2. "Balder Onarheim：Training Your Brain to Do the Impossible," EmTech France 2017，YouTube，March 1，2018，https：//www. youtube. com/watch?v=WetsMpkRgBw.

3. Deborah Bothun and Art Kleiner，"The Next Pop Superstar Just Might Be a Robot," *strategy+business*，issue 87（Summer 2017），https：//www. strategy-business. com/article/The-Next-Pop-Superstar-Just-Might-Be-a-Robot?gko=f254d.

第 8 章　重构：再混合，再建构，再利用

1. Austin Kleon，*Steal Like an Artist：10 Things Nobody Told You About Be-*

ing Creative （New York：Workman Publishing，2012）.

2. Margaret Mark and Carol S. Pearson，*The Hero and the Outlaw：Building Extraordinary Brands Through the Power of Archetypes* （New York：McGraw-Hill，2001）.

3. Johanna Blakley，"Lessons from Fashion's Free Culture，" TEDxUSC，April 2010，https：//www. ted. com/talks/johanna _blakley _lessons _from _fashion _s _free _culture? language＝en.

4. Natalie W. Nixon and Johanna Blakley，"Fashion Th inking：Towards an Actionable Methodology，" *Fashion Practice* 4，issue 2 （2012）：153 - 175，DOI：10. 2752/175693812X13403765252262.

第9章　走出办公楼：提高创造力的终极法宝

1. Steelcase，"New Work. New Rules. "

2. "Why We Play，" *The Pulse*，WHYY/PBS，accessed August 16，2019，https：//whyy. org/episodes/why-we-play/.

3. Sara Dewitt，"How PBS Kids Puts Play at the Center of Digital Content Development，" Fred Rogers Center，December 10，2013，https：//www. fredrogerscenter. org/2013/12/how-pbs-kids-putsplay-at-the-center-of-digital-content-development/.

4. Nina Feldman，"Why your neighborhood school probably doesn't have a playground，" *Radio Times*，WHYY，February 6，2019，https：//whyy. org/articles/uneven-play-most-philadelphiapublic-schools-dont-have-playgrounds-thats-slowly-changing/.

5. "Sick Burn: The Future of Free Expression at Burning Man," *1A*, WAMU 88.5, August 15, 2019, https://thela.org/shows/2019-08-15/sick-burn-the-future-of-free-expression-at-burning-man.

附录 2 奇想—严谨游戏

1. For more information, see http://www.figure8thinking.com. The WonderRigor Discovery Deck is available on Amazon.

学会创新：创新思维过程与方法

【英】罗德·贾金斯（Rod Judkins）　著

肖璐然　译

乔布斯、特斯拉、斯皮尔伯格、萨缪尔森等大师的思维秘密
全球著名创意中心中央圣马丁学院的经典创新思维课
仅英国就销售超 10 万册，被译成 15 种语言畅销全球

　　《学会创新》是训练和培养创新思维的极佳读物。全球著名创意中心中央圣马丁学院著名的创造力导师罗德·贾金斯，在本书中研究了乔布斯、特斯拉、斯皮尔伯格、萨缪尔森、香奈儿、费曼等创造力大师是如何思考的。他将他们的思考方式提炼出来，并用很多案例来帮助读者掌握创新思维的方法和技巧。

　　随着人工智能、大数据等技术的发展，创新思维将成为未来生存必备技能。学习本书中的思维方式，将大幅提升你的创新力，助你从容面对未来。